葡萄品种

里扎马特

锦　红

晨　香

巨玫瑰

南太湖特早

圣诞玫瑰

无核翠宝

希姆劳特

夏　黑

阳光玫瑰

T形架

半拱式简易避雨棚1

V形架

半拱式简易避雨棚2

标准连栋避雨棚

冬　剪

简易连栋避雨棚1

简易连栋避雨棚2

简易限根栽培模式

葡萄花穗整形前

葡萄花穗整形后

葡萄套袋

生长调节剂蘸穗处理

夏黑葡萄示范园

绿盲蝽危害果实

绿盲蝽危害叶片

葡萄果实霜霉病

葡萄果实炭疽病

葡萄叶片霜霉病

葡萄避雨限根栽培技术

李　勃　李秀杰　韩　真　赵红军　主编

中国农业出版社

北　京

图书在版编目（CIP）数据

葡萄避雨限根栽培技术 / 李勃等主编 . —北京：
中国农业出版社，2022.7
ISBN 978-7-109-29568-1

Ⅰ. ①葡…　Ⅱ. ①李…　Ⅲ. ①葡萄栽培　Ⅳ.
①S663.1

中国版本图书馆 CIP 数据核字（2022）第 106362 号

中国农业出版社出版
地址：北京市朝阳区麦子店街 18 号楼
邮编：100125
责任编辑：李　梅
版式设计：杨　婧　责任校对：周丽芳
印刷：北京通州皇家印刷厂印刷
版次：2022 年 7 月第 1 版
印次：2022 年 7 月北京第 1 次印刷
发行：新华书店北京发行所
开本：720mm×960mm　1/16
印张：7.75　插页：4
字数：155 千字
定价：38.00 元

编 委 会

前　言

　　葡萄是我国常见的一种水果，在我国种植广泛。葡萄喜欢干燥少雨的气候条件，所以种植区域被限制在降水量低于800毫米的地区。多雨高湿的气候条件会导致葡萄病虫害严重，进而导致农药使用量增多，果实品质下降。避雨栽培是一种在葡萄生长的过程中，在树冠顶部以上位置构建避雨棚，防止降雨淋湿葡萄叶幕和果实的栽培技术。人为创造一种适宜葡萄生长发育的"雨淋不湿"微环境，可以降低葡萄叶幕层湿度和叶片、果实的病虫害发生率，显著提高优质果生产率和果实安全性。限根栽培技术是近年来果树栽培技术领域一项突破传统栽培理论、应用前景广阔的前瞻性实用新技术，针对山岭薄地、盐碱土等条件配套不同模式，具有肥水利用率高、可显著提高果实品质和便于调控树体生长的显著优点，在数字农业、高效农业等领域中都有重要的应用价值。

　　葡萄避雨栽培技术从 20 世纪 80 年代中期从日本引

进，由开始的小面积栽培试验开始，经过不断发展改进，以及在长江以南地区普及推广，近几年在长江以北一些传统产区也开始进行试验。避雨限根栽培技术在葡萄种植领域已日趋成熟，我们课题组十几年来一直致力于葡萄高效栽培的研究，在北方干旱半干旱葡萄产区进行了创新，采用简易限根技术，仅对栽培槽的沟壁和部分沟底进行限根栽培，提高了肥水的利用率，促使根系深扎，提高了树体抗旱、抗寒能力。

葡萄栽培要根据不同的生态类型，确定适当的品种以及相应的栽培技术，做到适地适种、科学管理，以追求最佳质量和产量，并取得最大效益。本书按照避雨限根栽培技术的标准与流程，依次从葡萄品种选择、建园与棚膜管理、整形修剪、土肥水管理、病虫害防治等方面对葡萄栽培的关键技术进行了重点介绍。同时本书也融合了课题组十多年来指导葡萄生产的实践经验和科研成果，理论与实践相结合，是一本实用技术读物，希望以此提高农民朋友创新种植葡萄的积极性，促进葡萄产业的健康发展。

本书撰写过程中，好多前辈与同行给予了宝贵的建议和真诚的帮助，同时也参考了部分专家学者的研究成果和文献资料，在此深表感谢。由于编者学识深度和广度有限，书中不足之处在所难免，恳请广大专家学者和读者朋友见谅并不吝赐教。

目　录

第 一 章
概　　述

　　葡萄是葡萄科（Vitaceae）葡萄属（*Vitis*）多年生落叶木质藤本植物，是世界上最古老的植物之一，也是现代世界四大水果之一。葡萄生态适应性强，用途广，经济效益高，已成为我国近年来发展最快的水果种类。我国地域辽阔，南北横跨多个气候带，迥异的生态条件使不同地区的葡萄栽培面临着不同的生态逆境。北方地区葡萄栽培历史悠久，是我国传统的葡萄主产区，生长期的季节性干旱以及休眠期的寒冷多风是制约葡萄生产的主要生态因子。南方地区高温高湿，土壤涝渍，葡萄病害较为严重，限制了葡萄种植品种的选择和种植规模的扩大。20 世纪 80 年代中期，上海农学院（现上海交通大学）、浙江农业大学（现浙江大学）等单位引进日本避雨栽培技术，并在上海和杭州开展了小面积葡萄避雨栽培试验。1985 年，上海农学院开发了用毛竹片搭建避雨棚的模式。1996 年中国农学会葡萄分会在上海召开了葡萄避雨栽培现场观摩会，促进了葡萄避雨栽培在长江以南地区的大面积推广和普及。进入 21 世纪后，随着生产上大力引进发展设施避雨栽培技术，欧亚种葡萄病害严重的问题已被解决，限根栽培技术则避免了土壤涝渍问题。避雨限根栽培技术的引进和研究促进了南方葡萄产业的快速发展。课题组经过十几年的研究，将避雨限根栽培技术创新后应用到北方葡萄产区，取得了良好的效果。

一、避雨限根栽培的意义

果树设施栽培主要是指利用温室、塑料大棚或者其他设施，通过控制果树生长发育的环境条件（包括光照、温度、土壤、水分等），从而达到人工调节果树生产的目的。近年来，为充分适应市场的需求，设施栽培已经成为葡萄生产的趋势之一。在我国，根据气候条件的差异和栽培目的的不同，葡萄设施栽培主要向促成栽培、延迟栽培和避雨栽培三个方向发展。

避雨栽培就是在葡萄的生长季节，在其树冠顶端，搭架覆盖棚膜，使葡萄的株蔓、果实等处于避雨状态，避免雨水的直接冲刷，降低园中土壤和空气的湿度，使之不利于病原菌繁殖。避雨栽培可有效地减轻黑痘病、灰霉病、炭疽病、白腐病、霜霉病等的发生和危害，从而减少喷药次数和用药量，既有利于生产无公害葡萄，提高果品质量，又可节约农药、人工，降低生产成本，增加种植者的收益。

根系是果树的重要组成部分。果树地上部树冠与地下部根系是一个有机整体，两者始终保持着生长动态平衡，并形成特定的根冠比。限根栽培就是利用一些物理或生态的方法将果树的根系控制在一定的容积内，通过控制根系的生长来调节地上部的营养生长和生殖生长，从而调控植株整体生长发育的一种新型栽培技术。

我国北方地区属于大陆季风气候，冬季严寒干旱，春季多风少雨，西北地区特别是新疆气候炎热干燥，降水量少，土壤干旱，水资源短缺，年降水量只有 100～200 毫米，而蒸发量则是降水量的 20 倍以上，仅凭降水根本无法满足作物正常生长发育的需要。限根栽培技术可以使有限的水资源被集中在根域范围内供植株利用，若根域内填入储水、保水能力强的材料，节水效果更为显著。大部分北方产区冬季低温超过葡萄根系的耐受能力，并且秋末受大陆性气候的影响，寒流袭击频繁，葡萄落叶早，树体贮藏营养不足，抗寒力下降，葡萄根系经常遭遇冻害，造成根系部分或全部死亡。管理上往往通过下架埋土以及增加埋土厚度来抵御冻害，消耗了极大的人力物力，在一定程度上限制和影响了葡萄产业的发展。研究人员发现，传统的栽培模式葡萄根系分布较浅，特别是自根系品种主要分布在地下 0～30 厘米，在冬季低温超过 −15℃的地区，地下 0～20 厘米的细根几乎全部冻死，下部存活的根系数量较少，春季活动较迟，不能满足地上部枝条的水分需求，从而导致早春枝条抽干，直接影响葡萄的产量及品质，降低了经济效益。而限根栽培是通过调控根系生长来调控地上部生长结果，根系占用土地的水平空间被缩减，抑制根系水平生长，促使根系向下生长，根系被限制在特定的生长区域内，这就为北方干旱、半干旱寒冷地区节水灌溉，减少防寒用土和防寒用材料创造了条件。根域限制能够有效地平衡营养生长与生殖生长的关系，从而提高果实的产量和品质。

二、避雨限根栽培技术应用现状

中国大部分地区属于季风气候，最显著的特点就是雨热同期。我国某些葡萄产区全年 80％以上的降水量都集中在 5—8 月，此时期正是葡萄生长发育与果实成熟的重要时期，降雨过多常导致葡萄霜霉病、白粉病、炭疽病、白腐病等病害的暴发流行，严重威胁着葡萄的生产，因此多采用避雨栽培来解决葡萄病害发生严重的问题。避雨栽培主要是利用避雨棚膜，防止雨水溅射到葡萄的表面上带来病源，产生病害。避雨栽培模式主要集中在我国长江以南的湖南、广西、江苏、上海、湖北、浙江、广东和福建等夏季雨水较多的地区，近年来在北方地区也逐渐发展起来，目前全国葡萄避雨栽培面积超过15万公顷。

进入21世纪以后，随着葡萄栽培面积和产量的提高，优质优价的局面逐渐形成，避雨栽培下果实良好的外观和内在品质获得了市场的好评，各地涌现出了不少售价高达每千克50～70元的品牌果品，亩*产值高达2万～3万元，高者可达8万元，这一现象吸引了更多的农户使用避雨栽培。浙江嘉兴等地创造性地开发出竹片小环棚连栋覆盖和多层覆盖的促成避雨栽培模式，改进了果实品质，提早了果实上市时间。湖南将小环棚连栋覆盖避雨栽培模式成功地应用到南方红提葡萄的大面积栽培中。江苏苏南各地则推广了水泥柱钢管拱架避雨栽培和H形整枝避雨栽培模式。避雨栽培模式发展迅猛，据不完全统计，南方各地的避雨栽培面积已近60万亩。2010年以来我国长江以南地区以实现葡萄提早上市、降低病虫害的发生、改善果实品质、增加栽培效益等为目的，将避雨栽培和促早栽培相结合，衍生出一种新型避雨栽培模式，即促早-避雨栽培。该栽培方式采用前期促早，后期避雨的方法，早春封闭式覆膜保温，以实现促早的目的，进入初夏之后揭膜开棚，但仍保留顶膜避雨直至采收。

传统的果树栽培学认为果树是多年生植物，只有培养强健高大的树体结构，才能产量高、寿命长。为了培养牢固强壮的树体，人们强调深耕地、多施肥，加上过分强求树形的重修剪，往往造成树体的徒旺生长、成花少、产量低、果实品质差。深耕地、多施肥还会使根系

---

* 亩为非法定计量单位，1亩≈667米^2。——编者注

分布在比树冠投影面积更为广泛的范围内，难以判断根系的准确位置，造成施肥有一定的盲目性，也难以根据果树生长发育的需求适时适量准确地供肥。有时到果实品质形成期，前期所施的部分肥料才输送到根系位置或根系才伸长到肥料存在部位，此时对氮素等的过分吸收会抑制果实上色和糖分的累积。在降水比较多的地区，土壤湿度大，深广的根系会过多地吸收水分，不仅会诱发前期过旺徒长，也不利于后期的糖分累积，甚至会导致裂果现象的发生。到了20世纪80年代，人们从盆栽植物的栽培方式中受到启示，开始了根域限制栽培方式的探索。1987年研究人员在充满沙砾的田块建园时，无法采用传统方法栽培，便采用堆垄式根域限制栽培模式栽培巨峰、先锋、龙宝和红富士等四倍体葡萄。栽培后发现，与大田传统栽培方法相比较，在这种栽培方法下树体生长受到抑制，坐果率显著提高，果实品质也明显得到了改善。虽然没有设置传统栽培的对照处理，但根域限制栽培取得的效果非常明显。

第 二 章
适宜避雨栽培的葡萄品种

一、早熟品种

1. 希姆劳特

又名喜乐，欧美杂交种，从美国引入。

果穗圆锥形，无副穗，果粒着生紧密，平均穗重350克。自然生长下果粒小，平均粒重3克。果皮黄绿色，果粉中等厚，皮薄。果肉软而多汁，味甜酸，平均可溶性固形物含量为18%，有淡香草味。生产中需使用生长调节剂进行处理，可选用赤霉素，处理后最大粒重可增至8克，平均穗重增至750克，在无核葡萄中，属大粒大穗型品种。植株长势强，萌芽率和坐果率高，连年丰产，抗病性强，高抗黑痘病、霜霉病，但易感软腐病。在山东泰安地区，植株3月底萌芽，7月中旬果实开始成熟，为极早熟品种。该品种宜棚架、大株距篱架栽培。

该品种坐果率高，生产中应注意疏花疏果，花前整穗。果实成熟后挂树时间较短，完全成熟后易掉粒，应注意及时采收。

2. 红巴拉多

又名红巴拉蒂，是日本甲府市米山孝之于1997年用巴拉得与京秀杂交育成，欧亚种。

果穗圆锥形，平均穗重472克，果粒着生中等紧密，大小整齐。果粒椭圆形，平均粒重7.2克。果皮鲜红色或紫红色，果粉薄。果实皮薄肉脆，汁量中等，味甜，无香味，平均可溶性固形物含量为18%。植株生长势较强，芽眼萌发力高，副梢结实力强，早实性、丰产性强，对霜霉病、炭疽病、白腐病抗性较强。在山东泰安地区，植株3月底萌芽，7月中旬果实成熟。该品种棚架、篱架栽培均可，中、短梢修剪。

该品种虽早实性、丰产性强，但负载量过大果实容易着色不良，生产中应注意控制产量，及时进行疏花疏果、果穗修整。

3. 锦红

山东省果树研究所以乍娜为母本、里扎马特为父本杂交育成，欧亚种。

果穗圆锥形，紧凑，平均穗重752克。果粒长圆形，整齐，平均粒重7.8克。果皮紫红色，皮薄。果肉脆且多汁，平均可溶性固形物含量为18.5%。在山东济宁地区冷棚栽培，植株1月下旬萌芽，5月中旬果实开始成熟，为极早熟品种。植株长势强，树体成形快，丰产、稳产性好。设施栽培下果实上色快、着色均匀、果实品质好，可做高档果品生产。该品种棚架、篱架栽培均可，冬季以短梢修剪为主。

该品种进行无核化和膨大处理后果粒显著增大，但种子会产生空囊，影响果实品质。因此，生产中不推荐使用生长调节剂处理。自然生长下果穗稍大，花前需适当整穗。

4. 早霞玫瑰

大连市农业科学研究院以白玫瑰香为母本、秋黑为父本杂交育成，欧亚种。

果穗圆锥形，有副穗，平均穗重 650 克。果粒近圆形，大小一致，平均粒重 5.7 克，果粒着生中等紧密。果实初成熟时果皮呈鲜红色，充分成熟时果皮着色好，呈紫黑色。果粉中等厚，果肉硬脆，硬度适中，汁液中多，无肉囊，具有浓郁的玫瑰香味，平均可溶性固形物含量为 19%。果实不裂果、不落粒，挂树时间 1 个月以上，极耐贮运，商品性好。植株生长势强，萌芽率高，花芽分化极好，耐弱光和散射光，是设施栽培的更新换代品种。在山东泰安地区，植株 4 月初萌芽，7 月中旬果实即可成熟上市，属极早熟品种。

该品种是一个极易无核化的品种，用较低浓度的赤霉素处理，就可得到 90% 以上的无核果，但无核处理后玫瑰香味会变淡甚至消失。

5. 南太湖特早

夏黑的芽变品种，由浙江大学等单位共同选育。

果穗圆柱形，平均穗重 603 克。果粒近圆形，着生紧密，平均粒重 8.1 克。果皮紫黑色，果粉厚。果肉硬脆，果皮与果肉易分离。果实口感香甜无涩味，有草莓香味，平均可溶性固形物含量为 21%。植株生长势强，萌芽率高，丰产，适应性好。在山东济宁地区，植株 3 月下旬萌芽，7 月中旬果实成熟，比夏黑早熟 10 天左右。该品种适宜棚架栽培，短梢修剪。

该品种抗病性较强，但空气相对湿度大时容易感染灰霉病。

6. 晨香

大连市农业科学院以白玫瑰香与白罗莎杂交育成，欧亚种。

果穗紧凑、整齐，平均穗重 650 克。果粒椭圆形，平均粒重 10 克。成熟时果皮黄绿色，果肉细腻，香甜可口，平均可溶性固形物含量为 20%，具有纯正的玫瑰香味。果皮薄，无果锈，可食用。植株长势旺，花芽分化好，枝条成熟度好，坐果适中，无须疏花疏果，产量高，耐贮运。该品种适应性和抗病性较好。江浙地区避雨栽培，果实 6 月下旬即可上市，属极早熟品种。该品种棚架、篱架栽培均可，短梢修剪。

该品种温室栽培和结果初期易出现大小粒现象，需注意加强花期温度和肥水管理。

7. 夏黑

又名夏黑无核、东方黑珍珠，是日本山梨县果树试验场以巨峰与二倍体无核白杂交育成的三倍体葡萄品种，欧美杂交种。

果穗圆锥形，较大，有双歧肩，平均穗重 400 克。果粒大小整齐，着生紧密，近圆形或短椭圆形，平均粒重 3.5 克。果皮紫黑色或蓝黑色，果粉厚，果皮厚而脆。果肉硬脆，无肉囊，果汁紫红色，有较浓的草莓香味，无核。植株长势极强，萌芽率高，丰产，适应性好，抗病性强。果实成熟后不裂果，不落粒。在山东泰安地区，植株4月底萌芽，7月下旬果实开始成熟。该品种适宜棚架栽培，短梢修剪。

该品种为天然无核品种，果粒较小，生产中要进行膨大处理，但使用浓度稍大的生长调节剂易导致花穗弯曲和穗梗变粗，成熟期易落粒。

8. 无核翠宝

山西省农业科学院果树研究所以瑰宝与无核白鸡心杂交育成，欧亚种。

果穗圆锥形，有双歧肩，平均穗重345克。果粒为倒卵圆形，着生紧密，平均粒重3.6克。果皮薄，黄绿色。果肉硬脆，具玫瑰香味，平均可溶性固形物含量为17％，酸甜爽口，风味独特。果刷较短，果粒易脱落。植株生长势强，成花容易。在山东泰安地区，植株3月底至4月初萌芽，8月中旬果实开始成熟。植株抗霜霉病和白腐病能力较强，对白粉病较为敏感。该品种棚架、篱架栽培均可，中、短梢修剪。

该品种成熟期遇雨或灌溉有裂果现象，故成熟期应严格控水，及时采收。

9. 贵妃玫瑰

由山东省葡萄研究院（原山东省酿酒葡萄科学研究所）以红香蕉为母本、葡萄园皇后为父本杂交育成，欧亚种。

果穗中等大，平均穗重700克。果皮黄绿色，较薄。果粒圆形，着生紧密，平均粒重9克。果肉脆，味甜，有浓玫瑰香味，平均可溶性固形物含量为20％。植株生长势强，丰产，抗病性好，易栽培。在山东济南地区，植株4月初萌芽，7月中旬果实完全成熟。该品种适宜棚架、篱架栽培，中、短梢修剪。

该品种雨季易裂果，建议设施栽培。

10. 金龙珠

维多利亚的芽变品种，由山东省果树研究所育成。

果穗圆锥形，平均穗重595克。果粒极大，近圆形，着生中等紧密，平均粒重 18 克。果皮绿黄色，中等厚，果粉少，果皮与果肉易分离。果肉细脆，多汁，无涩味，平均可溶性固形物含量为 15%，清甜可口。植株长势一般，早实，丰产，栽培适应性广，抗病性较好。果实挂树时间长，不落粒，耐贮运，露天栽培条件下比维多利亚裂果轻。在山东泰安地区，植株 4 月上旬萌芽，8 月初果实开始成熟。该品种宜适当密植，棚架、篱架栽培均可，中、短梢修剪。

该品种设施栽培条件下表现更佳，但要严格控制负载量，及时疏果疏粒，以促进果粒膨大。

11. 蜜光

河北省农林科学院昌黎果树研究所以巨峰为母本、早黑宝为父本杂交育成。

果穗圆锥形，平均穗重 720 克。果粒椭圆形，着生紧密，平均粒重 9.5 克。果皮紫红色，充分成熟时呈紫黑色。果粉、果皮中等厚。果肉硬而脆，无涩味，有浓郁的玫瑰香味，平均可溶性固形物含量达 19% 以上。果粒附着力较强，采前不落果，耐贮运。植株长势好，丰产，适应性强。在山东泰安地区，植株 4 月初萌芽，7 月中旬果实开始成熟，成熟期早，比夏黑早熟 10 天左右。

该品种适宜保护地栽培和观光葡萄园栽培。

12. 春光

河北省农林科学院昌黎果树研究所以巨峰为母本、早黑宝为父本杂交育成。

果穗圆锥形，穗型紧凑，平均穗重 650.6 克。果粒大，椭圆形，平均粒重 9.5 克。果皮紫黑色至蓝黑色，色泽美观，整穗着色均匀，在白色果袋内可完全充分着色。果粉较厚，果皮较厚。果肉较脆，味甜，具有悦人的草莓香味，品质佳，平均可溶性固形物含量达17.5%以上。果粒附着力较强，采前不落果，耐贮运。植株长势较强，结果早，丰产稳产，适应范围广，抗旱性中等，对土壤类型要求不严格，但较宜在通透性好的沙壤土中栽培。在山东泰安地区，植株4月初萌芽，7月中旬果实开始成熟，成熟期早，比夏黑早熟7天左右。

该品种对葡萄的主要病害抗性较强，如对葡萄霜霉病、白腐病和炭疽病均具有良好的抗性。

13. 87-1

欧亚种，父母本不详。

果穗圆锥形，有副穗和歧肩，平均穗重531克。果粒长卵圆形，着生紧密，平均粒重5克。果皮薄，紫红色，略带红晕。果刷长，不脱粒，耐运输。果皮与果肉易分离，果肉脆而多汁，有浓厚的玫瑰味，平均可溶性固形物含量为15%，含酸量低，味甜。植株长势强，芽眼萌发力强，尤其主干上的隐芽萌发力很强，很少出现枝蔓下部光秃的现象，秋季枝条成熟较好。在山东泰安地区，植株在露地栽培条件下，4月初萌芽，7月中旬果实开始成熟，属早熟品种。

该品种长势极强，树体成形快，抗病性中上等，较易感黑痘病和霜霉病，要注意叶片的保护。

14. 早黑宝

山西省果树研究所以瑰宝为母本、早玫瑰为父本进行杂交，杂交种子经秋水仙碱处理诱变选育而成的欧亚种四倍体鲜食品种。

果穗圆锥形，带歧肩，平均穗重430克。果粒短椭圆形，着生紧密，平均粒重7.5克。果皮紫黑色，较厚且韧。果肉较软，平均可溶性固形物含量为16%，完全成熟时有浓郁的玫瑰香味。树势健壮，生长势中庸，副梢结实力中等，早果性强，丰产性强。在山东泰安地区，植株 4 月初萌芽，8 月上旬果实成熟，属早熟鲜食品种。该品种抗白腐病能力较强，抗霜霉病能力一般，无裂果，棚架、篱架栽培均可，中、短梢修剪。

该品种适宜在我国北方干旱、半干旱地区栽培，在设施栽培中早熟特点尤为突出。

15. 山东早红

山东省葡萄研究院以玫瑰香为母本、葡萄园皇后为父本杂交育成，欧亚种。

果穗中等大，圆锥形，有副穗和歧肩。果粒圆形，着生中等紧密，粒重 4～5 克。果皮紫红色，较厚，口感略涩。果粉中等厚，果肉软，核与肉不粘连，有淡玫瑰香味，可溶性固形物含量为 13%～16%。植株生长势中等，芽眼萌发率中等，较丰产。在山东济南地区，植株 3 月下旬萌芽，5 月中旬开花，7 月下旬果实成熟，属早熟品种。该品种抗病性强，适应性强，适宜篱架栽培，中、短梢修剪。

该品种管理上要合理调整负载量，防止结果过多影响品质和延迟成熟。

16. 红双味

山东省葡萄研究院以葡萄园皇后为母本、红香蕉为父本杂交育成，欧美杂交种。

果穗中等大，圆锥形，有副穗和歧肩。果粒椭圆形，着生中等紧密，粒重 6～7 克。果皮薄，紫红色或紫黑色。果肉软而多汁，具有香蕉味与玫瑰味，味酸甜，平均可溶性固形物含量为 16%。植株长势中等，芽眼萌发率中等，副梢结实力强。在山东济南地区，植株 3 月下旬萌芽，7月下旬果实成熟，属早熟品种。该品种抗病性强，适应性强，适宜篱架栽培，中、短梢修剪。

该品种要注意控制产量，不留二次果，以保证其早熟优质的特点。

17. 黑色甜菜

又名布拉酷彼特，由藤稔与先锋杂交育成，欧美杂交种。

果穗圆锥形，平均穗重500克。果粒特大，短椭圆形，着生中等紧密，平均粒重18克。果皮厚，青黑色至紫黑色，与果肉易分离，果粉多。果肉硬脆，多汁美味，平均可溶性固形物含量为16%～17%，酸味少，无涩味，味清爽。植株长势中庸，抗逆性和抗病性强，适应性广，保护地栽培品质更佳。在山东济宁地区，植株4月初萌芽，7月下旬果实开始成熟。该品种棚架、篱架栽培均可，中、短梢修剪。

该品种在生产中可选用生长调节剂进行膨大处理。

18. 茉莉香

又名着色香，辽宁省盐碱地利用研究所以玫瑰露与罗也尔玫瑰杂交育成，欧美杂交种。

果穗圆柱形，带副穗，平均穗重400克。果粒椭圆形，着生极紧密，无核化处理后平均粒重7克。果皮粉红色至紫红色。果肉软而多汁，无肉囊，平均可溶性固形物含量为22%，有浓郁的茉莉香味。树势中庸，抗病性、抗寒性极强，极丰产，适合设施促早栽培。在山东泰安地区，植株4月初萌芽，8月上旬果实成熟。

该品种果粒不大，在生产中需要使用生长调节剂进行膨大处理后才具有商品优势。

19. 京秀

中国科学院植物研究所北京植物园以潘诺尼亚为母本、60-33（玫瑰香×红无籽露）为父本杂交育成，欧亚种。

果穗较大，平均穗重 500 克。果粒椭圆形，着生紧密，平均粒重 6.3 克。果皮玫瑰红色或鲜紫红色，中等厚。果肉脆甜，酸度低，多汁，具有东方品种风味，平均可溶性固形物含量为 17%。植株生长势较强，丰产。在北京地区，果实 7 月底至 8 月初充分成熟。果实挂树时间长，可至 9 月底或 10 月中旬。该品种棚架、篱架栽培均可，宜长、中、短梢修剪结合。

20. 京蜜

中科院北京植物研究所以京秀与香妃杂交育成，欧亚种。

果穗圆锥形，穗型整齐，平均穗重 520 克。果粒着生紧密，扁圆形，可见果粒分成 4 瓣状，果形独特，平均粒重 7 克。果实完全成熟时果皮为黄绿色，果粉少，皮薄肉脆，味酸甜，有淡玫瑰香味，平均可溶性固形物含量为 18%。植株长势中偏强，坐果率高，早果性及丰产性强。在北京地区，7 月下旬果实成熟。该品种抗病性中等，易感黑痘病、霜霉病、灰霉病和白腐病，在雨水较多的情况下存在轻微裂果的现象，适合促成栽培或避雨栽培。

21. 京亚

中国科学院植物研究所北京植物园在播种的黑奥林实生苗中选出，欧美杂交种。

果穗圆锥形，平均穗重 460 克。果粒椭圆形，着生中等紧密，平均粒重 13 克。果皮紫黑色，果粉厚。果肉软而多汁，味酸甜，微有草莓香味，平均可溶性固形物含量为 15％。植株长势较强，丰产。该品种耐潮湿、抗寒、抗病，棚架、篱架栽培均可，中、短梢修剪。该品种从萌芽到果实完全成熟需 114～130 天，比巨峰早熟 20～25 天。

22. 早巨峰

巨峰的早熟优系，欧美杂交种。

果穗大，圆锥形，平均穗重 750 克。果粒大，平均粒重 12 克。果皮紫黑色，着色快而整齐。果肉细软，多汁，有肉囊，平均可溶性固形物含量为 18％。果实品质好且耐运输。植株长势强、早熟、抗病、丰产。果实成熟后挂树时间长，可进行无核化处理。在沈阳地区，植株 5 月初萌芽，8 月上旬果实完全成熟，比巨峰早熟 1 个月。

23. 凤凰 51

大连市农业科学研究所以白玫瑰与绯红杂交育成，欧亚种。

果穗圆锥形，平均穗重 422.5 克。果粒近圆形或扁圆形，有沟纹，酷似小磨盘柿，着生紧密，平均粒重 8.7 克。果皮较薄，紫红色或玫瑰红色。果肉质脆，汁多，味香甜，有玫瑰香味，平均可溶性固形物含量为 17.8％。植株长势中等，副梢结实力弱，产量中等或较高。在大连地区，植株 4 月中旬萌芽，7 月上中旬果实完全成熟，属早熟品种。该品种抗病性和适应性均较强，易裂果，适宜篱架栽培，中、短梢修剪。在设施栽培条件下，该品种表现佳，经济效益高。

24. 弗雷无核

又名火焰无核，欧亚种，由美国育种家杂交育成。

果穗圆锥形，有副穗，平均穗重 400 克。果粒近圆形，平均单粒重 3.5 克。果皮中厚，鲜红色，整齐度好，不易与果肉分离。果肉较硬，味甜，平均可溶性固形物含量达 20％以上，品质优良。植株长势强，在山东济宁地区，植株 4 月初萌芽，7 月下旬果实成熟。

该品种管理时应严格控制氮肥施用，抗病性中等，需加强病虫害防治。

25. 森田尼无核

又名无核白鸡心、世纪无核，欧亚种，由美国加州大学育成。

果穗圆锥形，平均穗重 830 克。果粒鸡心形，着生紧密，平均粒重 5 克。果皮薄，黄绿色，韧性好。果肉硬脆，不裂果，平均可溶性固形物含量为 18％，酸度低，略带草莓香味。果皮与果肉不易分离，品质佳，是鲜食和制干的优良品种。植株长势强，枝条粗壮，特别是新梢生长过旺，成熟度较差，加上品种本身抗寒性差，因此北方地区冬季需注意防寒。在山东济南地区，植株 4 月初萌芽，8 月上中旬果实成熟。该品种宜选用棚架栽培，中梢修剪，较易感白粉病。

26. 奇妙无核

又名黑美人、神奇无核、幻想无核，原产于美国，由美国加州大学戴维斯农学院果树遗传和育种研究中心培育，欧亚种。

果穗圆锥形，平均穗重 500 克。果粒黑色，长圆形，着生中等紧密，果粉较厚，平均粒重 6 克。果肉硬脆，白绿色，半透明，味甜，平均可溶性固形物含量为 18％，果皮与果肉不易分离。植株长势极旺盛，花芽分化率低，宜选择较瘠薄土壤种植，使其生长势减弱，提高坐果率。在山东济南地区，植株 4 月上中旬萌芽，8 月上旬果实开始成熟。该品种抗病性强，耐运输，适宜棚架栽培，长梢修剪。

27. 无核早红

又名8611、无核早红提、超级无核、美国无核王。河北省农林科学院昌黎果树研究所与农民技师周利存合作育成的中国首例三倍体新品种，欧美杂交种。

果穗圆锥形，平均穗重190克。果粒近圆形，不经赤霉素处理，平均粒重4克。果皮粉红色或紫红色，果皮和果粉中等厚。果肉肥厚较脆，味酸甜，平均可溶性固形物含量为15%。无核早红经赤霉素处理后，膨大效果比其他无核品种更为明显，平均粒重可达到10克。植株长势强，结实力强，易早结果。在河北昌黎地区，植株4月中旬萌芽，到7月下旬果实完全成熟。该品种抗病性强，且抗寒、耐盐碱，适宜棚架栽培，中、长梢修剪。

二、中熟品种

1. 巨峰

大粒康拜尔早生与森田尼杂交育成，欧美杂交种。

果穗圆锥形，平均穗重550克。果粒椭圆形，着生中等紧密，平均粒重12克。果皮厚，黑紫色，果粉较厚。果肉软且汁多，味甜，有草莓香味，平均可溶性固形物含量为17%。植株长势好、产量高、抗寒、抗病、耐贮运。在山东泰安地区，植株4月上旬萌芽，8月中旬果实开始成熟，属中熟品种。该品种适宜棚架、篱架栽培，中、短梢修剪。

该品种对肥水和管理技术要求较高，管理不当，易落花落果，造成坐果率低。因此，应注意花前疏花整穗，并对新梢进行重摘心，同时花期进行保果处理，以保证坐果率。

2. 藤稔

又名金藤、巨藤，欧美杂交种。

果穗圆锥形，平均穗重 400 克。果粒近圆形，着生中等紧密，特大，平均粒重 15 克，膨大处理后可达 20 克。果皮黑紫色，较厚。果肉多汁，味酸甜，可溶性固形物含量为 15%～18%。植株长势较弱。在山东泰安地区，植株 4 月上旬萌芽，8 月中下旬果实开始成熟。该品种适宜棚架、篱架栽培，中、长梢修剪。

该品种应注意花前疏花整穗，并对新梢进行重摘心，同时花期进行保果处理，以提高坐果率。

3. 阳光玫瑰

又名金华玫瑰、亮光玫瑰，是日本农业食品产业技术综合研究机构以安芸津 21 号与白南为亲本杂交育成，欧美杂交种。

果穗圆锥形，平均穗重 600 克。果粒短椭圆形，着生中等紧密，平均粒重 10 克。果皮厚，黄绿色，果粉少。果肉硬脆，无涩味，平均可溶性固形物含量为 18%，有复合型香味（玫瑰香和奶香），香甜可口，食用品质极佳。果肉与果皮不易分离，幼果至成熟果均有光泽。植株长势旺，芽眼萌发率高，丰产性好，不裂果，耐贮运，无脱粒现象，成熟期与巨峰相近。在山东泰安地区，植株 4 月上旬萌芽，8 月下旬至 9 月初果实开始成熟。该品种抗病性较强，较抗霜霉病、白腐病和炭疽病，但果实表面易出现锈斑，适宜棚架栽培，短梢修剪。

4. 巨玫瑰

辽宁省大连市农业科学研究院以沈阳玫瑰与巨峰为亲本杂交育成，四倍体欧美杂交种。

果穗圆锥形，平均穗重680克。果粒椭圆形，大小均匀，着生中等紧密，平均粒重10克。果皮紫红色，中等厚，果粉中多。果肉脆且汁多，无肉囊，具有浓郁的玫瑰香味，平均可溶性固形物含量为18%。植株长势强，芽眼萌发率高，耐高温高湿，抗病性强，易栽培，好管理。在山东泰安地区，植株4月上旬萌芽，8月下旬果实完全成熟。该品种果实品质明显好于巨峰、玫瑰香等品种，栽培时应控制产量，以生产高档果为主，棚架、篱架栽培均可，短梢修剪。

该品种易坐果不良，管理过程中应注意花前疏花整穗，并对新梢进行重摘心，同时花期进行保果处理，以提高坐果率。

5. 户太8号

西安市葡萄研究所通过奥林匹亚芽变选育而成，欧美杂交种。

果穗圆锥形，平均穗重600克。果粒大，着生较紧密，近圆形，平均粒重12克。果皮厚，紫黑色或紫红色，果粉厚。果肉软，无肉囊，酸甜可口，平均可溶性固形物含量为18%。树体长势强，坐果率高于巨峰，多次结果能力强，生产中一般结两次果。在山东泰安地区，植株4月上旬萌芽，8月中旬果实开始成熟。该品种耐低温、不裂果，抗病性好，对黑痘病、白腐病、灰霉病和霜霉病等抗性较强，棚架、篱架栽培均可，中、短梢修剪。

6. 金手指

又名金指，欧美种。

果穗大，长圆锥形，平均穗重1 000克。果粒着生中等紧密，形状奇特美观，长椭圆形，略弯曲，呈弓状，平均粒重8克。果皮黄白色，中等厚，韧性强，不裂果。果肉硬，耐贮运，平均可溶性固形物含量可达22%，甘甜爽口，有浓郁的冰糖味和牛奶味。果柄与果粒结合牢固，捏住一粒果可提起整穗果。植株长势极强，丰产。该品种抗寒、抗病性强，特别适合旅游观光区栽培，也适合保护地、庭院和盆景栽培，具有较高的经济效益和观赏价值。在山东泰安地区，植株4月上旬萌芽，8月下旬果实成熟。

7. 醉金香

辽宁省农业科学院以沈阳玫瑰为母本、巨峰为父本杂交育成，欧美杂交种。

果穗圆锥形，紧凑，平均穗重800克。果粒呈倒卵形，平均粒重13克，成熟时呈金黄色，含糖量高，平均可溶性固形物含量为20％，有浓郁的茉莉香味。植株长势中庸，适应性强，抗病性好，果实成熟后应适时采收，挂树时间过长果实易变软。在山东泰安地区，植株4月上旬萌芽，8月下旬果实成熟。该品种棚架、篱架栽培均可，中、短梢修剪。

8. 甬优1号

藤稔葡萄芽变品种，欧美杂交种。

果穗圆锥形，平均穗重600克。果粒近圆形，平均粒重12克。果皮紫红色至紫黑色，中等厚度。果肉硬脆，平均可溶性固形物含量为18％。植株长势较强，坐果率高，上色整齐均匀，树上挂果时间较长，抗病性好，花期需注意灰霉病。在山东济南地区，植株4月上旬萌芽，8月中下旬果实成熟，比巨峰略早。该品种棚架、篱架栽培均可，中、长梢修剪。

9. 红玫香

由山东省果树研究所育成。

果穗圆锥形，平均穗重350克。果粒椭圆形，着生紧密，平均粒重6.8克，稍大于玫瑰香果粒。果皮中等厚，紫红色，易与果肉分离，果粉较厚。果肉黄绿色，稍软，多汁，有浓郁的玫瑰香味，平均可溶性固形物含量为18%。植株长势中庸，成花力强，早实丰产，适应范围广，抗病性和抗寒性好。在山东泰安地区，植株4月上旬萌芽，8月中旬果实成熟，比玫瑰香成熟早。该品种适宜篱架、V形架栽培、中、短梢修剪。

10. 玫瑰香

英国人斯诺以黑汉与白玫瑰香为亲本杂交育成，欧亚种。

果穗圆锥形，平均穗重350克。果粒椭圆形或卵圆形，中等大，着生紧密，平均粒重5.5克。果皮中等厚，紫红色或紫黑色。果肉较软，多汁，有浓郁的玫瑰香味，平均可溶性固形物含量为17%。植株长势强，结实力强，丰产稳产。在山东泰安地区，植株4月初萌芽，8月下旬至9月初果实成熟，属中晚熟品种。该品种适宜篱架栽培，中、短梢修剪。

该品种对肥水和管理技术要求较高，若肥水充足，栽培管理措施得当，其产量高，品质好，反之则易落花落果，出现大小粒、穗松散、水灌子病等现象。

11. 妮娜女王

日本育成的品种，亲本为安艺津20号与安艺皇后，欧美杂交种。

果穗圆锥形或圆柱形，平均穗重550克。果粒近圆形，粒重15～20克。果皮鲜红色。果肉平均可溶性固形物含量为20%，既有草莓香味又有牛奶香味。该品种在每穗留果30粒并用膨大素处理的情况下，果粒可以接近乒乓球大小，成熟期比巨峰晚5天。

该品种色泽艳丽，但容易出现着色不良的问题，生产中应加强管理，以获得优质高档果。

12. 红国王

日本葡萄育种家以阳光玫瑰与温克为亲本杂交育成。

果粒特大，粒重 25～30 克。果面洁净光滑，有果粉，果皮颜色深红，外观奇特，可带皮吃。果肉脆而多汁，平均可溶性固形物含量可达 23%。植株长势中庸，不徒长，丰产性和稳产性好，抗病性强，挂树时间长，极耐贮运。在辽宁地区，植株 5 月上旬萌芽，9 月上中旬果实完全成熟。该品种适宜篱架栽培，短、中和长梢修剪均能形成花穗，是目前世界上高档葡萄中的极品。

13. 里扎马特

又名玫瑰牛奶，欧亚种，由奥根科以卡它库尔干与巴尔肯特为亲本杂交育成。

果穗极大，圆锥形，平均穗重 672 克。果粒极大，着生疏松，长椭圆形，平均粒重 12 克。果皮玫瑰红色或紫红色，果粉少，皮薄肉脆，清香味甜。植株长势强，产量中等。在山东泰安地区，植株 4 月初萌芽，8 月中旬果实完全成熟。该品种抗病性较差，易感白腐病和霜霉病，适宜在丘陵山地和通风、透光、排水条件好的地区栽培，适宜棚架栽培，中、长梢修剪。

该品种在设施栽培条件下表现良好，但应控制产量，合理施肥，以避免大小年现象出现。

14. 东方之星

又名欧利安达露斯达，以安芸津 21 号与奥山红宝石为亲本杂交育成，欧美杂交种。

果穗圆锥形，平均穗重 460 克。果粒长椭圆形，粒大，平均粒重 10 克。果皮紫红色。果肉硬脆，有香味，平均可溶性固形物含量为 19％。植株长势旺，抗病，丰产，着色后上糖，挂树时间长，可至 11 月，特耐贮运。在山东泰安地区，植株 4 月上中旬萌芽，9 月初果实开始成熟。该品种适宜棚架、篱架栽培，中、短梢修剪。

15. 京优

中国科学院植物研究所从黑奥林实生苗中选育出的品种。

果穗大，圆锥形，着生中等紧密或较紧，平均穗重 550 克。果粒卵圆形至近圆形，平均粒重 11 克。果皮厚，紫红色或紫黑色。果肉脆，平均可溶性固形物含量为 18％，味甜，酸度低，有淡草莓香味。植株长势强，结实力强，较丰产，副梢结实力特强，可一年两熟。在北京地区，植株 4 月中旬萌芽，8 月中旬果实充分成熟，比巨峰早熟 10～15 天。该品种抗病性强，果实成熟后可在树上久挂而不掉粒，不变味，棚架、篱架栽培均可，中梢修剪。

16. 香悦

以沈阳玫瑰香芽变为母本、紫香水芽变为父本杂交育成，欧美种。

果穗圆锥形或圆柱形，穗型紧凑，平均穗重 620 克。果粒近圆形，大小整齐一致，平均粒重 11 克。果皮蓝黑色，果粉多，与果肉易分离。果肉软而多汁，有玫瑰香味，平均可溶性固形物含量为 17％。植株长势强，隐芽萌发力中等，副芽萌发力强，坐果率极高，早果性强。在沈阳地区，植株 5 月初萌芽，9 月上旬果实成熟。该品种宜短梢、超短梢修剪。

17. 葡萄园皇后

又名匈牙利女王，以莎巴珍珠与伊丽莎白为亲本杂交育成，欧亚种。

果穗圆锥形，平均穗重 450 克。果粒着生中等紧密或较紧，椭圆形，平均粒重 5 克。果皮金黄色，果粉中等厚。果肉半透明，味甜，平均可溶性固形物含量为 16%，有玫瑰香味。植株长势较强，结实力中等，丰产，抗病性中等。在山东济南地区，植株 4 月中旬萌芽，8 月下旬果实完全成熟。该品种喜肥水，适宜篱架栽培，中、短梢修剪。

18. 红大粒

又名黑汉、黑汉堡，欧亚种。

果穗圆锥形，平均穗重 500 克。果粒近圆形，平均粒重 5 克。果皮较薄，紫红色，果粉少。果肉脆而多汁，味酸甜，平均可溶性固形物含量为 18%。植株长势中等，丰产，稳产，抗病力中等，抗寒、抗旱能力强，适应性强，叶片易受药害。在山东济南地区，植株 4 月上旬萌芽，8 月下旬果实完全成熟。该品种对肥水和光照条件要求较高，光照不足时，花芽形成困难；肥水不足时，果穗、果粒均较小，果皮着色不均，易发生日烧病。该品种适宜中、小型架式栽培，中、短梢修剪。

19. 红香蕉

以白香蕉为父本、玫瑰香为母本杂交育成，欧美杂交种。

果穗中等大，圆锥形，有副穗。果粒椭圆形，中等大，着生中等紧密，粒重 4～5 克。果皮紫红色，中厚。果肉有浓郁的香蕉味，脆甜多汁，有肉囊，核与肉不粘连，平均可溶性固形物含量为 16%。植株长势旺盛，较丰产，适应性强，抗寒、潮湿，抗白腐病和炭疽病。在山东济南地区，植株 4 月上旬萌芽，8 月中下旬果实成熟。该品种适宜篱架栽培，中、短梢修剪。

20. 紫玉

原产日本，属巨峰系品种，欧美杂交种。

果穗圆锥形，平均穗重 500 克。果粒近圆形，平均粒重 12 克。果皮紫黑色，果肉稍软，多汁，平均可溶性固形物含量为 15%，味甜，清香。植株长势强，极丰产，抗病性较好，成熟时不裂果，不脱粒。在山东泰安地区，植株 4 月上旬萌芽，8 月中下旬果实成熟。该品种适宜棚架、篱架栽培，中、长梢修剪。

21. 桃太郎

又名濑户甲子，是从日本引进的大果粒鲜食葡萄新品种，欧亚种。

果穗大，圆柱形，无副穗，平均穗重 600 克。果粒扁圆形，着生中等紧密，粒大，平均粒重 16 克。果皮薄而脆，无涩味，黄绿色，着色一致，果粉少。果肉厚，无肉囊，果汁中等，平均可溶性固形物含量为 19%，口感甘甜清爽。植株长势旺盛，枝梢粗壮，直立。在山东泰安地区，植株 4 月上中旬萌芽，8 月下旬至 9 月上旬果实成熟。幼树营养生长旺盛，早期产量较低，生产中应注意合理密植。该品种适宜棚架栽培以缓和树势，中、长梢修剪。

三、晚熟品种

1. 红地球

又名红提、晚红、大地球，原产于美国，欧亚种。

果穗极大，长圆锥形，果穗松散或较紧凑，平均穗重 600 克。果粒圆形或卵圆形，平均粒重 13 克。果皮暗紫红色。果肉硬脆，味甜，平均可溶性固形物含量为 17%。植株长势旺盛，极丰产。在山东泰安地区，植株 4 月上中旬萌芽，10 月上中旬果实开始成熟。该品种不掉粒，不裂果，极耐贮运，是目前鲜食葡萄贮藏的主要品种，适宜棚架栽培，中、短梢修剪。

该品种抗病性弱，易感黑痘病、白腐病、炭疽病、霜霉病、白粉病和日灼病，应注意及时防病，多施磷、钾肥，促进新梢成熟。

2. 克瑞森无核

又名绯红无核、淑女红、冰美人，由美国加州大学戴维斯农学院果树遗传和育种研究中心杂交育成，欧亚种。

果穗圆锥形，有歧肩，平均穗重 500 克。果粒椭圆形，无核，平均粒重 4 克。果皮亮红色，充分成熟后为紫红色，果粉厚。果肉硬，浅黄色，半透明，不易与果皮分离，平均可溶性固形物含量为 19%。植株长势旺盛，萌芽力、成枝力均较强。植株进入丰产期稍晚，抗病性中等，易感白腐病，耐贮运。在北京地区，植株 4 月上旬萌芽，9 月上旬果实成熟。该品种适宜采用棚架、宽篱架栽培，中、短梢修剪。

该品种长势极强，生产中应注意控制植株长势，防止营养生长过旺。

3. 摩尔多瓦

原产于摩尔多瓦共和国，欧亚种。

果穗圆锥形，平均穗重 650 克。果粒大，着生紧密，短椭圆形，平均粒重 8.5 克。果皮蓝黑色，散射光条件下着色好，而且整齐，果粉厚。果皮着色早，但上糖慢，要在着色一个月以后再采收。果肉柔软多汁，平均可溶性固形物含量为 16%。植株长势强，萌芽力强，丰产性强。该品种抗病性极强，高抗霜霉病，极丰产，耐贮运，适宜棚架、篱架栽培，中、短梢修剪。该品种鲜食和酿酒均可，可种植在庭院、长廊和公园等，也可盆栽，还可作砧木，是目前为止用途最广的葡萄品种。在山东泰安地区，植株4月上中旬萌芽，9月下旬果实成熟。

该品种坐果率极高，生产中应注意疏粒，否则成熟期果粒会因挤压而破裂，导致整个果穗腐烂。

4. 圣诞玫瑰

又名秋红，原产于美国，以 S44-35C 与 9-1170 为亲本杂交育成，欧亚种。

果穗圆锥形，平均穗重880克。果粒卵圆形，着生中等紧密，平均粒重10克。果皮中等厚，初熟时鲜红色，充分成熟时深紫红色。果肉硬而脆，能削成薄片，肉质细腻，可溶性固形物含量为18%～22%，味浓甜，风味极佳。果实不裂果，果刷大而长，不掉粒，特别耐贮运，采后放在冷库内可贮藏到翌年4月，是目前鲜食葡萄贮藏的主要品种之一。植株长势强，结果早，芽眼萌发率高，极丰产。在山东泰安地区，植株3月上旬萌芽，9月上旬果实成熟。该品种适宜棚架、篱架栽培，中、短梢修剪，在南方地区必须避雨栽培。北方露地栽培，可留树到11月下旬采收，适宜延迟栽培。

该品种抗黑痘病能力较差，结果后树势偏弱，应注意加强肥水管理，控制负载量，保持连年丰产、稳产。

5. 魏可

又名温克，日本山梨县以 Kubel Muscat 与甲斐露为亲本杂交育成，欧亚种。

果穗圆锥形，平均穗重450克，穗型整齐。果粒卵圆形，着生较疏松，粒大，平均粒重 10 克，有小青粒现象。果皮紫红色至紫黑色，中厚，具韧性。果肉脆而多汁，无肉囊，平均可溶性固形物含量为 20%。植株长势强，芽眼萌发率和成枝率高，隐芽萌发力强，且所萌发的枝条易形成花芽。在山东泰安地区，植株 4 月上旬萌芽，9 月中下旬果实成熟。该品种丰产性强，抗病性强，宜采用棚架栽培缓和树势。

6. 美人指

原产于日本，欧亚种。

果穗圆锥形，平均穗重 480 克。果粒长椭圆形，形状如美人手指，平均粒重 12 克。果皮前端紫红色，基部稍淡，皮薄，果粉中厚。果肉细脆呈半透明状，可切片，无香味，平均可溶性固形物含量为 16%。植株长势旺盛，较丰产，结果期晚，抗病性弱，易感病害。果实成熟后易掉粒，不耐贮运。在山东泰安地区，植株 4 月上旬萌芽，9 月中旬果实成熟。该品种适宜在雨水较少、日照时间长、通风良好的地区栽培，适宜棚架栽培，中、长梢修剪。

7. 甜蜜蓝宝石

又名月光之泪，是由美国育种家育成的品种，欧亚种。

果穗大，平均穗重 750 克。果粒长圆柱形，状如小手指，长 5 厘米左右，自然无籽，果粒不用激素膨大最大粒重也能达到 10 克左右。果皮蓝黑色，着色快速而均匀。果肉可切片，风味纯正，脆甜无渣，平均可溶性固形物含量可达到 20% 以上，干燥少雨地区含糖量更高，容易晒成蓝黑色大型葡萄干。果粒不拥挤，无破粒，疏果省工。果刷坚韧，果实成熟后不易掉粒。在山东泰安地区，植株 4 月上旬萌芽，9 月初果实成熟，属于晚熟品种。

该品种长势极强，生产中应适当控制植株长势，以免枝条徒长。

8. 意大利

又名意大利亚，原产于意大利，欧亚种。

果穗圆锥形，平均穗重700克。果粒椭圆形，着生紧密，平均粒重10克。果皮黄绿色，皮薄，果粉中等厚。果肉脆，味甜，平均可溶性固形物含量为17%。植株长势强，结实力强，丰产，抗白腐病、炭疽病，易感白粉病、霜霉病。果实成熟后挂树时间长，极耐贮运。在山东泰安地区，植株4月上旬萌芽，9月下旬至10月上旬果实成熟。该品种棚架、篱架栽培均可，中、短梢修剪。

9. 红宝石无核

又名大粒红无核、宝石无核，原产于美国，欧亚种。

果穗圆锥形，有歧肩，穗型紧凑，平均穗重850克。果粒卵圆形，平均粒重4克，果粒大小整齐一致。果皮薄，亮紫红色。果肉脆，半透明，平均可溶性固形物含量为18.5%，无核，味甜爽口。植株长势强，较丰产，抗病性稍差，成熟较晚，尤其易感黑痘病和霜霉病。在山东泰安地区，植株4月上中旬萌芽，9月中下旬果实开始成熟。该品种宜采用棚架栽培，短梢修剪。

该品种穗型美观，品质优良，生产中可采用赤霉素处理及环剥等方法增大果粒。

10. 泽香

又名泽山1号，以玫瑰香与龙眼为亲本杂交育成，欧亚种。

果穗圆锥形，有歧肩，平均穗重450克。果粒卵圆形，平均粒重5克。果皮薄，黄绿色，充分成熟时为金黄色。果肉较厚，有玫瑰香味，平均可溶性固形物含量为17%，酸甜爽口。植株长势强，高产稳产，适应性强，抗病性强。在山东平度大泽山，植株 4 月上旬萌芽，9 月中下旬果实成熟。该品种适宜篱架栽培，中、短梢修剪。

11. 牛奶

又名马奶子、白牛奶、白葡萄、玛瑙葡萄、脆葡萄，欧亚种。

果穗圆锥形或长圆锥形，平均穗重 732 克。果粒长椭圆形，着生不紧密，平均粒重 7.9 克。果皮薄，嫩黄色。果肉厚而脆，多汁，淡甜爽口，无香味，平均可溶性固形物含量为 18%。植株长势强，丰产，抗病力弱，易感黑痘病、白腐病及霜霉病。在北京地区，植株 4 月中下旬萌芽，9 月上中旬果实成熟。果实成熟期土壤水分过多时，有裂果现象。植株耐寒力弱，北方地区要注意埋土防寒。该品种适宜棚架栽培，中、长梢修剪。

12. 龙眼

又名秋紫、老虎眼、紫葡萄、狮子眼，欧亚种。

果穗圆锥形，平均穗重 600 克。果粒近圆形，着生紧密，平均粒重 6 克。果皮红紫色，果粉厚。果肉多汁，透明，味甜酸，平均可溶性固形物含量为 16%。植株长势旺盛，结实力低，产量中等至高等，抗病性中等，易患白腐病、苦腐病，适宜在干旱和轻度盐碱的土壤中生长。在北京地区，从植株萌芽到果实完全成熟需 165 天左右，果实耐贮运。该品种适宜棚架栽培，中、短梢修剪。

13. 黑奥林

又名黑奥林匹亚，日本育种家以巨峰为母本、巨鲸为父本杂交育成，欧美杂交种。

果穗圆锥形，有副穗，平均穗重 510 克。果皮紫黑色，皮厚。果粒近椭圆形或倒卵圆形，平均粒重 12 克。果肉多汁，脆甜，有草莓香味，平均可溶性固形物含量为 16%。黑奥林的植物学特性与巨峰非常相似，但较其坐果好，成熟较晚。在北京地区，4 月中旬植株萌芽，9 月上旬果实成熟。植株长势较强，丰产，抗病，耐运输。该品种棚架、篱架栽培均可，中、短梢修剪。

14. 秋黑

又名黑提，原产于美国，欧亚种。

果穗圆锥形，平均穗重 720 克。果粒近圆形，着生紧密，平均粒重 9 克。果皮厚，紫黑色，果粉多。果肉硬脆，味酸甜，无香味，平均可溶性固形物含量为 17%。植株长势较强，抗病，丰产，耐贮运，是目前鲜食葡萄贮藏的主要品种之一。在河北昌黎地区，植株 4 月中旬萌芽，10 月上旬果实完全成熟，属极晚熟品种。该品种适宜棚架栽培，中、长梢修剪。

15. 高妻

日本育种家以先锋与森田尼为亲本杂交育成，欧美种。

果穗圆锥形，平均穗重 500 克。果粒短椭圆形，平均粒重 12 克。果皮厚，黑紫色。果肉柔软多汁，平均可溶性固形物含量为 19%。植株长势较强，丰产性和抗病性较好。在山东泰安地区，植株 4 月上中旬萌芽，9 月末果实开始成熟。

该品种因自根苗生长弱，所以多选用 5BB 嫁接苗。

16. 峰后

北京市农林科学院林业果树研究所从巨峰实生苗中选育，欧美种。

果穗圆锥形，平均穗重 450 克。果粒短椭圆形，着生中等紧密，平均粒重 14 克，比巨峰平均重 2 克。果皮紫红色，较薄，无涩味。果肉极硬，质地脆，略有草莓香味，糖酸比高，口感较甜，平均可溶性固形物含量为 18%，不裂果，耐贮运。植株长势强，萌芽率高，副芽结实力弱，副梢结实力中等，丰产性中等，抗病性强，多雨年份有穗轴褐腐病和炭疽病发生。在山东济南地区，植株 4 月中旬萌芽，9 月中旬果实成熟。该品种适宜棚架、篱架栽培，中、长梢修剪。

第三章
建园技术

一、园地要求

1. 气候条件

一般来说，葡萄适合温和的温带气候，所以全球大部分葡萄园都集中在南北纬 38°～53°之间。葡萄建园时要综合考虑到光照条件、雨量多少、气温高低及雹、霜等自然灾害发生的频率与时间。在干旱少雨、天气晴朗、昼夜温差大、光照充足的地区，葡萄含糖量高、着色好、香味浓、病害轻。各种气候条件都有利有弊，只要科学地栽培管理，均能取得较好的收益。近年来随着栽培技术的进步和品种的丰富，葡萄的栽培区域逐步扩大，目前全国大部分地区都有葡萄栽培。

2. 环境条件

建园地的环境、土壤、灌溉用水及大气质量应符合国家对于无公害食品生产基地环境标准规定的要求。葡萄在 pH5.5～8.5 之间的土壤中均能生长，建园地时要选择地势较高，通风向阳，土壤肥沃，有机质含量较高，具备葡萄生长发育基本条件的土壤。在选择建园地时还要注意排灌方便，交通便利，地下水位在 100 厘米以下。山地建园要注意保持水土和增施有机肥料，沙滩地建园必须注意土壤改良和病虫害防治。

3. 园区规划

建立规模化葡萄生产基地，还需要对小区、道路系统、排灌系统、防护林和辅助设施等进行科学的规划和设计。每一小区占地 1.5 公顷，园区主道长 3.5～5.0 米，支道长 2.5～3.0 米，南北行向，行长以60～80 米为宜，最长不超过 100 米。每隔 1.5 米左右开一条主排水沟，排灌系统与道路系统结合规划。风沙大的地区，需要在园区中混栽乔、灌木，组成疏林式的防风林。

二、避雨设施建造

避雨栽培能够有效地避免雨水直接浸淋枝、叶、果，减少病虫害的发生。年降雨量超过 600 毫米、葡萄成熟期雨热同季的地区可以考虑进行避雨栽培。避雨栽培主要有以下几种模式。

1. 钢结构连栋避雨棚

棚内跨度 6～8 米，棚与棚之间立水泥柱或方管，高度 1.8～2.0

米，上面设水槽，把水引向棚外。棚顶高 2.8～3.0 米，长度因地形而定，一般 3 500～4 500 米² 为一个连栋棚体。

2. 简易连栋避雨棚

采用规格 DN50 热镀锌钢管为立柱，跨度为 6 米，地上高 1.8 米。立柱上部顺行向用 DN32 热镀锌钢管作为纵向拉杆连接固定，垂直行向用 DN25 热镀锌无缝钢管作为横向拉杆连接横梁。棚顶高 3 米，用 DN20 薄壁热镀锌钢管为拱杆，跨度同葡萄行距，拱杆间距 1 米，每根横向拉杆中间加装一根 DN20 钢管作为立柱，支撑拱杆。薄膜选用聚乙烯膜（PE）或乙烯-醋酸乙烯膜（EVA），无滴类型，厚度在 80 微米及以上。在拱杆两边使用卡槽将薄膜固定在横杆上，卡槽距离纵向拉杆 50 厘米，便于通风和排水。配套架式宜选择 T 形棚架配合水平叶幕。

3. 半拱式简易避雨棚

用 DN32 热镀锌钢管为立柱，或者用 120 毫米×120 毫米的方形水泥柱为立柱，立柱跨度 2.5～3 米，间距 4～6 米，南北两端的立柱地上部分高 1.8 米，地下部分深 0.6 米。中间水泥柱地上部分高 2.4 米，地下部分深约 0.6 米，四周立柱每根用 3 米长水泥柱做斜撑，用直径 6.66 毫米以上的钢绞线围绕连接呈矩形框，作为避雨棚四边，在中间水泥柱距地面 1.8 米处，用直径 2 毫米以上的钢丝纵横串联，编织成网状。

在距地面 1.8 米处的棚面上搭建小拱棚，棚高 0.6～0.7 米，跨度 2.2 米，棚的两端采用 DN20 钢管折弯做拱杆，在拱杆的最上端和两端，顺行向拉 3 根直径 2 毫米以上的钢丝。棚的中间用钢丝做拱杆，钢丝直径 3.5～5 毫米，长 2.7 米，将拱杆的两端和中间用绑丝固定在与行向平行的这 3 根钢丝上。

薄膜选用聚乙烯膜（PE）或乙烯-醋酸乙烯膜（EVA），无滴类型，厚度在 60～80 微米，两边用固膜塑料卡及压膜线固定薄膜。配套架式宜选择单干双臂型或龙干型配合 V 形叶幕。

三、限根栽培定植

限根栽培就是利用物理或生态的方式将果树根系控制在一定的容积内，通过控制根系生长来调节地上部的营养生长和生殖生长，是一种新型栽培技术，也是近年来果树栽培技术领域一项突破传统、应用前景广阔的前瞻性新技术。它具有肥水利用效率高、生产出的果实品质好和树体生长调控便利的显著优点，在提高有机栽培、观光果园建设、山地及滩涂利用以及在数字农业、高效农业等诸多方面也有重要的应用价值。

限根栽培的栽植密度因地区不同而异。可露地越冬栽培地区，多采用具主干棚架形（推荐 T 形架形），行距 1.8～4 米，株距 3～5 米。埋土越冬栽培地区，不能培养主干，采用多主干棚架形，行距 6～10 米，株距 1.5 米（独龙干）～6 米（四龙干）。每平方米树冠投影面积的根域容积为 0.05～0.06 米^3，根域深度 40 厘米。假设以株距 1.8 米、行距 5.5 米栽植巨峰葡萄时，树冠投影面积约 10 米^2，根域容积应为 0.5～0.6 米^3，根域深度设置为 40 厘米时，根域分布面积为 1.25～1.5 米^2，即做深 40 厘米、宽 100 厘米、长 150 厘米的穴或垄就可以满足树体生长和结实的要求了。同样道理，如果以株距 3.6 米、行距 5.5 米的间距栽植巨峰葡萄时，树冠投影面积约 20 米^2，根域容积应为 1.0～1.2 米^3，根域深度设置为 40 厘米时，根域分布面积为 2.5～3.0 米^2，即做深 40 厘米、宽 100 厘米、长 300 厘米的穴或垄即可。

1. 限根栽培模式

（1）沟槽式模式

采用沟槽式进行限根栽培，要做好根域的排水工作。挖深 50 厘米、宽 100～140 厘米的定植沟，在沟底再挖深 20 厘米、宽 15 厘米的排水暗渠，用厚塑料膜（温室大棚用）铺垫定植沟、排水暗渠的底部与沟壁，排水暗渠内填充河沙与砾石（有条件时可用渗水管代替河沙与砾石），并与两侧的主排水沟连通，保证积水能及时流畅地排出。当用无纺布代替塑料膜对定植沟的底侧壁进行铺垫时，由于无纺布具有透水性，不会积水，可以不设排水沟。但无纺布寿命短，2～3 年后便会失去作用，会有根系突破无纺布而伸长到根域以外的土壤中。研究表明，沟槽式限根栽培，根域土壤水分变化相对较小，葡萄新梢和叶片生长中庸健壮，果实品质好。

（2）垄式模式

多雨、无冻土层形成的南方地区，可采用垄式栽培的方式。在地面铺垫塑料膜，在其上堆积营养土做成垄，将葡萄树种植其上。生长季节在垄的表面覆盖黑色或银灰色塑料膜，保持垄内土壤水分和温度的稳定。垄的规格因栽培密度而异，果树行距 4～8 米时，垄的规格应为上宽 50～100 厘米，下宽 70～140 厘米，高 50 厘米。这种方式的优点是操作简单，但根域土壤水分变化不稳定，果树生长容易衰弱。因此，必须配备良好的滴灌系统。

（3）垄槽结合模式

将果树根系的一部分置于沟槽内，一部分置于地上垄内。一般以沟槽深度 20～30 厘米，垄高 30～20 厘米为宜。沟和垄的宽度因果树行距而异，果树行距 4～8 米时，沟槽宽 70～140 厘米，垄的上宽 50～100 厘米，下宽 70～140 厘米。垄槽结合模式既有沟槽式的根域水分稳定、生长中庸、果实品质好的优点，又有垄式操作简单、排水良好的长处。

（4）箱式模式

在地面铺垫塑料膜，在其上放置无底、高50～60厘米的矩形木框，将营养土填入其中，种植葡萄树于其上。生长季节在框内土层表面覆盖黑色或银灰色塑料膜，保持框内土壤水分和温度的稳定。木框的规格因栽培密度而异，果树株距4米、行距10米时，木框的长、宽分别为150厘米和200厘米，高50厘米。这种方式的优点是操作简单，但根域土壤水分变化不稳定，果树生长容易衰弱。因此，必须配备良好的滴灌系统。

2. 限根栽培模式的选择

（1）可露地越冬多雨栽培区

在降水1 000毫米以上的长江以南地区，土壤过高的含水量是影响葡萄品质、诱发裂果的重要原因。采用限根栽培模式，根系的吸水区域被严格限制在一个很小的范围内，通过叶片的蒸腾，可以及时将根域土壤的含水量降低，是提高果实品质和克服裂果的有效措施。此类地区限根栽培模式可采用垄式和沟槽式。

（2）可露地越冬的少雨地区

降水少于800毫米的可露地越冬地区，土壤不结冻，根系不会受冻，但地下水位较低，不能采用垄式限根栽培，宜采用沟槽式。

（3）北方干旱寒冷、沙漠戈壁地区

北方特别是西北干旱沙漠、戈壁地区，土壤漏水漏肥严重，采用限根栽培不仅可以使果实优质高产，而且可以减少肥水渗漏，节肥节水效果极其显著。此类地区果树冬季不能露地越冬，需埋土防寒，同时冻土层厚，根系容易遭受冻害，故限根栽培时，要采用沟槽式的方

式，必须将根系置于地表下极端低温在 $-3℃$ 以上的土层中。宁夏银川地区在正常年份，地表30厘米以下的土壤层，极端低温高于 $-3℃$，因此银川及类似地区的具体做法是：在地面开宽120～140厘米、深30厘米的沟，在沟底再开宽80～100厘米、深50～60厘米的沟，并在沟底设置排水沟，防止过多积水影响葡萄生长。秋末将地上部枝蔓拢入沟内，覆土50厘米后，根系处于地表下80厘米以下的土层，可以避免冻害发生。采用抗寒砧木如贝达，可以提高抗寒性，但根系分布的适宜深度需要进一步研究。

（4）西北半干旱山区

甘肃天水等北方半干旱山区，年降水量远远低于地面蒸发量，而且有限的降水又会顺坡流失，不仅浪费了珍贵的降水，还造成了水土和肥料营养的流失。通过限根栽培，集中灌溉水到根域范围内，并在根域内填入储水、保水能力强的材料，使一次降水可以长时间供给植株。此类地区限根栽培模式可采用改良沟槽式，具体做法是：在坡地沿等高线开宽120厘米、深80厘米的栽植沟，在沟的侧壁和底部覆盖地膜，防止雨水渗入根域以外的土壤中。但底部要留出宽20厘米的部分不覆膜，使部分根系能伸入地下，遇到大旱灾年时能够吸收深层土壤水分，保证果树不会干枯死亡。填入土肥混合物50厘米厚，然后栽植果树，留出30厘米深的沟用于蓄积雨水和冬季埋土防寒。

（5）盐碱滩涂地区

盐碱滩涂的利用是一个非常困难的课题，传统的方式是采用漫灌洗盐等措施，或栽培耐盐植物，但投入极大，且耐盐植物的耐盐能力也是有限的。采用限根栽培既可避免耗资巨大的洗盐工程，又不受作物耐盐性的限制，是一项非常有效的技术。此类地区适宜的限根栽培模式为沟槽式和垄式。具体做法是：用客土填充根域，用滴灌技术供给营养肥水，可以完全保证葡萄的生长和结果不受盐碱地的影响，实现高产优质栽培。

（6）少土石质山坡地区

在 20 世纪 70 年代，沙石峪曾经创造了"千里万担一亩田"的奇迹，但在目前的生产和经济条件下，这样改造山河的工程是不现实的，而且方式也是不科学的。假设 1 亩地上覆盖 30～40 厘米厚的土壤，则每亩需要 200～267 米^3 客土。如果运用限根栽培的理论，在 20％的地面上起垄，每亩只需要 40～53 米^3 的客土即可。而且根系生长只需要有少许平坦的地面，让根系延伸分布到地形不适宜耕作的陡坡或凸凹不平的区域，可以大大提高荒山、陡坡的利用率，还可以生产出比平地品质更好的果实来。少土石质山坡地区适宜的栽培模式是沟槽式，具体做法是：在坡地的小面积平坦处，沿堆砌石块围成坑穴，内填客土和有机材料栽培葡萄即可。在没有灌溉条件的石质山坡地，根域内应多填充吸水能力强的有机质材料（如秸秆等），提高根域保水能力。

（7）观光葡萄园区

观光葡萄园的特点是游客要进入果园进行休闲游览，游客的踩踏会严重破坏土壤结构，采用限根栽培的方式既可保证葡萄的根系处在一个良好的土壤生长环境中，又可以留出足够的地面供游客活动（如休闲、漫步、餐饮、娱乐等）。此类地区适宜的栽培模式是沟槽式和箱式栽培。具体做法是：可以配合景观需求做一些美化构造，如庭院栽培时，可以配合箱式根域限制模式美化环境。也可用炭泥、沼渣或食用菌基质废料、秸秆、熏炭、稻糠等发酵物作介质进行无土栽培，或适量拌土进行栽培（拌以 1/10～1/5 的黏土，基质有机质含量要达到20％以上，全氮含量达到 2％以上）。

3. 定植

（1）苗木处理

栽植前挑选合格健壮的嫁接苗木，基部粗度 0.5 厘米以上，具有 3～5 个饱满芽。将苗木在清水中浸泡 12～24 小时，然后将苗木留 2～4 个壮芽、根系保留 10～20 厘米进行剪截，并将病根、坏根剪掉，最后用广谱性杀菌剂进行消毒，用 ABT 生根粉或萘乙酸蘸根。

（2）苗木定植

定植时间以 2 月上旬为宜。定植前按行距 2.5 米，株距 1.8 米定点划线。定植时根系要摆布均匀，填土 50％时要轻轻提苗，再仔细填土，与地面相平后踏实，最后浇定根水。定植后覆盖宽 1.2 米、厚 0.14 毫米的黑色地膜，打孔将苗引出膜外。

第 四 章
覆膜、揭膜及棚膜管理

一、覆盖薄膜及揭膜

避雨栽培在葡萄花前应开始覆盖避雨棚膜，具体方法是：将避雨棚膜覆于拱杆上，将两头拽紧并固定，然后用压膜簧将薄膜边缘固定到压膜槽内，最后在薄膜上隔一段距离拉上压膜绳将薄膜压紧即可。研究认为3月上旬葡萄萌芽期为黑痘病发生期，主要危害嫩芽、嫩叶、嫩梢与卷须，因此，以绒球期喷五氯酚钠后，萌芽前夕覆膜为佳。揭膜时间根据具体情况而定，如果采取果实套袋，则可在果实套袋结束后揭膜。未进行果实套袋的，应在雨季结束后才揭膜。揭膜时间以果实着色前为宜，尽可能缩短避雨覆盖时间，保证良好的通风性。若采用套袋，揭膜时间还可提前。选择透光性能好的长寿、无滴、抗老化的聚乙烯薄膜（PE），薄膜厚度以0.05毫米为佳。从开花前覆膜到采收完揭膜，全年可覆盖 4～5 个月，也可以连续覆盖。若从萌芽前覆膜到落叶都不揭膜，薄膜可连续使用 2 年，一般薄膜可使用 3～4 年。

二、覆膜期间的管理

第一，及时修补棚膜使用中因划伤或扎破而在局部出现的伤口。PVC 膜可用 PVC 专用胶粘补，PE 和 EVA 膜可用线缝合或用较宽的粘胶带修补。第二，加强通风口管理，防止大风将通风口处刮破或大风从通风口袭入将棚膜吹起刮破。第三，进入高温季节，棚膜变软松动，应使用紧线器将压膜线拉紧拴牢，以防在风力作用下棚膜大起大落摔打而受损伤。

防止含氯、硫农药加速棚膜老化。含氯、硫等酸性农药渗入棚膜，与棚膜内添加的耐老化助剂发生反应，会加速棚膜老化。目前，生产上使用的棚膜多数没有防农药破坏功能，因此，施用含氯、硫等酸性农药时，应防止喷洒到棚膜表面上，并且应尽量减少烟剂的使用次数，严禁使用硫黄熏棚。近年来，耐农药棚膜的开发应用已引起人们的重视。国内一些农膜生产厂家已开发出抗农药型棚膜，正在推广试验阶段。

避雨栽培由于采取了覆膜措施，因而棚内光照弱，温度略高，对蔓果生长会产生一定的影响。因此，在蔓果管理上应注意以下问题。

1. 应有效控制枝蔓徒长

避雨栽培下的光照度要略低于露地栽培，通风条件也较露地栽培差，且避雨栽培下的温度和湿度要略高，这些条件对枝叶的生长比较有利，但也会造成徒长现象的发生。因此，在生产过程中，要注意合理施肥及加强枝蔓管理。当避雨棚膜下的枝蔓过长时，要通过修剪保持其距离棚顶 30～50 厘米，以保证葡萄生长的正常通风及透光。

2. 应加强花芽分化期的管理

避雨栽培条件下，花果管理与露地栽培相比，具有相对不同的要求。避雨栽培的光照度较弱，导致在花芽分化期所需的营养不能够充足供应。在此期间要及时进行人为处理，刺激花芽的分化。

3. 应加强果穗管理

避雨栽培下葡萄的坐果率有了一定程度的提高，但是接受的光照少，这对葡萄果实的着色也略有影响。为了尽量提高果实着色度，要及时控制好透光条件，保证避雨棚膜的透光度不受其他外界条件的干扰，同时应根据具体情况加强果穗管理。

避雨栽培葡萄园的肥料使用要根据品种特性和避雨栽培的特点，进行科学施肥，要增施有机肥和磷、钾肥，提倡多施用充分腐熟的畜禽粪肥。肥料的用量可比同品种露地栽培适当减少。果实膨大肥和着色肥的用肥种类基本与露地栽培相同。与露地栽培葡萄相比，避雨栽培能减少风雨传播病虫害的概率和减少喷药次数，可以使叶片和果实完整、叶片寿命延长。一般情况下全年喷药次数由原来的十几次降低到 5～8 次即可控制病害的发生和蔓延。

第 五 章
葡萄避雨栽培整形修剪及树形培养

一、整形修剪的意义

葡萄为藤本植物，干性弱，自身不能直立生长，须依附于其他物体才能向上攀缘，因此栽培中通常设立支架供其攀缘生长。葡萄年生长量大，新梢生长期长，并有多次分枝，即有二次枝、三次枝，甚至四次枝。自然生长条件下，葡萄枝蔓生长随意、树形不整齐，若管理不当，易造成树冠郁闭、通风透光差、病虫害滋生、结果部位外移及花芽分化难等问题，严重影响果品质量与产量。此外，未整形或修剪不当易造成树体过大，枝条重叠，给冬季埋土防寒等田间管理造成很大不便。因此，整形修剪对于葡萄生产具有重要的意义。生产实践中，应运用合理的修剪方法调节树体生殖生长和营养生长的关系，使树体枝条分布均匀、通风透光性好、病虫害减少，以达到成花快、早丰产、果品优的目的。

二、避雨栽培的主要整形方式

葡萄避雨栽培一般选用钢结构连栋避雨棚、简易连栋式避雨棚和半拱式简易避雨棚三种设施结构，配套的葡萄架式主要为篱架和棚架两大类，常用的整形方式有单干双臂形、T形和龙干形。

1. 单干双臂形整形技术

该树形由一个主干、两个水平主蔓及若干结果母枝组成。每株葡萄只保留1个高约80厘米的直立粗壮主干，用以支撑枝蔓和输导营养。主蔓呈单轴延伸，直接着生结果母枝。叶幕可采用V形或直立形，每株葡萄结果部位距地面基本一致，形成一个集中紧凑的果穗区，利于管理与采收。篱架由3层不同高度的铁丝组成，分别距地面80厘米、120厘米和160厘米。两主蔓固定在距地面最近的铁丝，即第一道铁丝上，新梢绑缚在第二、第三道铁丝上。

定植当年每株选1个生长健壮的新梢做主干，设立支柱进行引缚，使其直立生长，其余新梢抹去。当新梢接近第一道铁丝时摘心，使其形成一个直立粗壮的单干。摘心后选取新萌发的两个副梢，沿第一道铁丝向两边引缚，使其形成双臂，根据设定的株距及时对双臂进行摘心。双臂上再萌发的二级副梢培养为结果母枝，结果母枝之间间隔20厘米，长到5片叶时进行摘心，摘心后萌发的三级副梢留4片叶摘心，依此类推，并根据枝条延伸长度及时将枝条绑缚到第二和第三道铁丝上。

单干双臂树形结果部位基本一致，叶幕分布均匀，通风透光好，劳动效率高，是目前葡萄栽培中的主推架式之一。

2. T形整形技术

主干高度1.8~2.0米，株距2米，行距6~8米，顶部配置2个对生的、长度3~4米的主蔓。主蔓上直接配置结果母枝，其配置密度为每米10个，单株配置60~80个结果母枝。

定植发芽后，选留1个新梢，立支架垂直牵引，抹除高度1.8米以下的所有副梢，待新梢高度超过1.8米时，摘心。从摘心处所抽生的副梢中选择2个副梢向水平牵引，培育成主蔓。主蔓保持不摘心的状态持续生长，直至相邻2行主蔓相遇再摘心。

主蔓叶腋处长出的二级副梢一律留3~4片叶摘心。此次摘心非常重要，可以促使摘心后叶腋的芽发育充分，形成花芽，供第二年结果。同时此次摘心还可以避免二级副梢生长造成的养分过度消耗，促进主蔓快速生长，并保证主蔓叶腋间均能发出二级副梢，使主蔓的每一节在定植当年都能培养出结果母枝，为定植第二年夺取丰产期产量奠定基础。二级副梢摘心留下的3~4片叶的叶腋间均可萌发出三级副梢，抹除基部2~3个三级副梢，只留第一个芽所发的三级副梢生长，适时牵引其与主蔓垂直生长，形成结果母枝。在结果母枝长度达到1米左右后留0.8~1米摘心，摘心后所发四级副梢一律抹除。只要肥水充足，大体可以保证定植当年每米主蔓形成9~10个结果母枝。

该树形适合生长旺盛的品种，如夏黑、阳光玫瑰等，新梢水平生长有利于缓和树势，促进花芽分化，充分利用阳光，果穗全部在叶幕之下，可防止日烧病的发生。

3. 龙干形整形技术

龙干形是每一单株发出的一个或多个主蔓，一直延伸到架顶，主蔓直接着生结果枝组的树形，包括独龙干、双龙干和多龙干形。龙干长度视棚架行距的大小来确定，一般为4～8米或更长。龙干均匀地分布在架面上，在每条龙干上分布许多的结果枝，经过多年的短梢修剪，形成龙爪形的结果枝组。龙爪上所有的结果枝在冬季修剪时均采用短梢修剪，只在龙干的先端留一个6～8个芽的延长头。采用龙干形整形技术应注意龙干在棚面上的分布，使龙干之间保持合理的间距。间距过大时，单位面积产量低；间距过小，则通风透光不良，也影响产量和品质。在生长势和肥水条件一般的情况下，短梢修剪的龙干之间的距离约50厘米，如肥水条件很好，植株生长势很强，则龙干间距需增加到60～70厘米甚至更大。

独龙干形多用于山区，在葡萄定植后，选留一个主蔓，在主蔓上每隔15～20厘米配置一个固定的结果部位，俗称"龙爪"。修剪时，除顶端留一延长枝外，其余均留1～2个芽短截。如果留有2个或多个主蔓，则称双龙干和多龙干。双龙干就是分生2个主蔓，2个主蔓间相距40～50厘米，保持长势均衡，修剪方法同独龙干。多龙干就是从地面上分生3～5个主蔓，各主蔓再分生1～2个侧蔓，间距40厘米左右。修剪时，除顶端延长枝进行长梢修剪外，其余均留1～2芽短截。采用龙干整形，枝蔓分布均匀，树形容易保持，极性也易控制，修剪较为方便；主干上生长点虽多，但新梢生长量不大，可以不必引缚，任其自由伸展，以充分利用空间；但因主干粗硬，所以埋土不便。

定植当年每株选2个生长健壮的新梢做主蔓，其余新梢抹去，将其引缚到立架面上，当长到2.5米以上时摘心，顶端1～2个副梢留5～6片叶反复摘心，其余副梢抹除。冬剪时，每条主蔓剪到成熟节位，剪口下枝条直径应保持在1厘米左右。

第二年，一年生龙干枝即是结果母枝，每条主蔓上选一个强壮的新梢做延长梢，当其爬满架后摘心，控制其延伸生长，其余新梢保留结果，通过摘心等措施促进坐果、果实发育成熟和花芽分化。冬剪时用于顶端延长的延长枝根据架面截留，在主蔓上每隔15～20厘米留一个结果母枝并各剪留2～3个芽，多余的剪除。

第三年春萌发后，结果枝通过抹芽、定芽、留低位预备枝和高位结果枝，形成结果枝组。每一结果母枝上保留2个结果新梢，多余的新梢抹除。如主蔓仍未爬满架，则继续选健壮新梢做延长梢。冬剪时，顶端延长枝仍然长留以使龙干继续在棚面上向前延伸，预备枝留2～3个芽短截，在主蔓上每隔25～30厘米选留一个枝组，每个枝组上留2个母枝，母枝仍剪留2～3个芽。以后的修剪，主要是培养和更新枝组。

第四年龙干继续延伸、形成枝组，除了龙干先端的长结果母枝外，又增加了许多侧生的短枝，所以葡萄产量显著增加。冬剪同第三年，第四或第五年时，龙干整形基本完成，并进入盛果期。

在培养龙干时，为了埋土、出土的方便，要注意龙干由地面倾斜分出，特别是基部长30厘米左右这一段与地面的夹角宜小些，这样可减少龙干基部折断的危险，龙干基部的倾斜方向宜与埋土方向一致。

三、冬季修剪

冬季修剪，即休眠期修剪，通过短截、疏剪和回缩等方法进行整形。在修剪前，首先要多观察，看品种、架式、树形、树势和株行距，以便初步确定植株的负载能力，然后剪除病虫害枝、机械损伤枝、无结果能力弱枝、未成熟枝和过密枝。根据目标负载量，确定结果母枝留枝量，对一年生枝进行短截或培养预备枝，及时更新衰老枝蔓，控制结果部位上移。最后，检查整株树是否有漏剪和错剪，遗漏的进行补剪。在山东地区，一般在12月中旬至翌年2月中旬进行冬剪。

经过多年修剪，多年生枝蔓上的"疙瘩""伤疤"增多，影响疏导组织的畅通。此外，对于过分轻剪的葡萄园，会出现植株下部光秃、结果部位外移、新梢细弱、果穗果粒变小、产量及品质下降的现象。遇到这些情况就需要对一些大的主蔓或侧枝进行更新。凡是从基部除去主蔓进行更新的称为大更新。在大更新以前，必须积极培养从主蔓基部发出的新枝，培养为新蔓，当新蔓足以代替老蔓时，将老蔓除去。

对侧枝的更新称为小更新，主要有单枝更新和双枝更新两种方式。

1. 单枝更新

单枝更新采用短截的方式，短截就是一年生枝剪去一段、留下一段的修剪方法。短截可分为极短梢修剪（留1个芽）、短梢修剪（留2～3个芽）、中梢修剪（留4～6个芽）、长梢修剪（留7～11个芽）和极长梢修剪（留12个芽以上）。短截的作用是减少结果母枝上过多的芽眼，对剩下的芽眼有促进生长的作用，把优质芽眼留在合适部位，从而萌发出优良的结果枝或更新发育枝。根据整形和结果需要，可以调整新梢密度和结果部位。短截是葡萄冬季修剪最主要的手法，在某个果园内究竟采用什么修剪方式，取决于生产管理水平、栽培方式和栽培目的等多方面的因素。

（1）超短梢修剪

当年生枝条修剪后只保留1个芽的修剪方式称为超短梢修剪。超短梢修剪适合于结果性状良好的品种、花芽分化好的果园。一般欧美杂种如京亚、巨峰、户太8号及藤稔等，花芽分化节位较低，如果管理规范，采用棚架或水平架，花芽分化一般较为良好，可考虑采取极短梢修剪的方式。

（2）短梢修剪

防止结果部位外移而远离主枝或侧枝，冬季修剪时，对成熟的一年生枝留1～3节的修剪方式，称为短梢修剪。短梢修剪具有简单易学、便于普及的优点，但修剪极重，翌年新梢长势容易过强。适合于短梢修剪的品种，包括上述的欧美杂种以及其他结果性状较好的品种如维多利亚、87-1等，在管理较为规范、花芽分化较好的植株上均可采用短梢修剪。

（3）中梢修剪

当年生枝条修剪后保留4～6个芽的修剪方式称为中梢修剪。中梢修剪适合于生长势中等、结果枝较多和花芽着生部位较低的欧亚种，如维多利亚、87-1、红地球和红宝石无核等。对成花节位高的品种，则采用中梢与更新枝结合修剪的方式，即长留一个母枝（5～8个芽）时，在其基部采用极短梢修剪的方式保留一个母枝作预备枝。

（4）长梢修剪

当年生枝条修剪后保留7～11个芽的修剪方式称为长梢修剪。长梢修剪适合于生长势旺盛、结果枝较少、花芽着生部位较高的欧亚种，如美人指、克瑞森无核等品种。长梢修剪的优点有如下几个：一是能使一些基芽结实力差的品种获得丰产；二是对于一些果穗小的酿酒品种比较容易实现高产；三是可使结果部位分布面较广，特别适合宽顶单篱架。结合疏花疏果，长梢修剪可以使一些易形成小青粒、果穗松散的品种获得优质高产。对那些短梢修剪即可丰产的品种，若采用长梢修剪则容易造成结果过多、结果部位外移等问题。

（5）超长梢修剪

当年生枝条修剪后保留12个芽以上的修剪方式称为超长梢修剪。大多数品种延长枝的修剪多采用超长梢修剪。

一般来说，棚架上的当年生枝条生长较为水平，花芽分化较为良好，修剪时所留枝条可适当短些。而直立的枝条花芽分化相对较差，可适当长剪。对一个枝条来说，基芽质量较差，中部及上部芽质量较好、结实率较高。根据这一特性，人们总是习惯将枝条留长一些，以提高产量，但这容易造成结果部位逐年上移。因此，应各种修剪方式配合使用，注意处理好结果与更新的关系。

2. 双枝更新

结果母枝按所需长度剪截，将其下面邻近的成熟新梢留 2 个芽短剪，作为预备枝。预备枝在翌年冬季修剪时，上面一枝留作新的结果母枝，下面一枝再极短截，使其形成新的预备枝，以后逐年采用这种方法进行修剪。双枝更新要注意预备枝和结果母枝的选留，结果母枝一定要选留发育健壮充实的枝条，而预备枝应处于结果母枝下部，以免结果部位外移。

在修剪操作中，应当注意剪截一年生枝时，剪口宜高出枝条节部3～4 厘米，剪口向芽的对面倾斜，以保证剪口芽正常萌发和生长；在节间较短的情况下，剪口可放至上部芽眼上；疏枝时剪口不要太靠近母枝，以免伤口向里干枯而影响母枝养分的疏导；去除老蔓时，剪口应修平，以利愈合。

第 六 章
花 果 管 理

葡萄花果管理是葡萄生产的关键环节，花果管理优良与否直接影响果实的商品价值。一般葡萄花果管理工作包括疏花疏果、花穗整形、生长调节剂的使用及套袋等环节。

一、疏花疏果技术

1. 疏花

疏花就是根据花穗的数量和质量，将弱小、密集或位置不当的花穗疏掉，使养分集中供应优良花穗。植株负载量较大、水肥条件差、植株长势弱、结果枝过多或落花落果严重的品种，可适当除去部分花穗。强旺和中庸结果枝均保留单花穗，弱小结果枝不留花穗，坚持"留下不留上、留大不留小、留壮不留弱"的原则。

疏花一般分两次进行，第一次在新梢长有 6~8 片叶，能明显地识别新梢与花穗的强弱时进行，将一枝多穗的小花穗和细弱枝的花穗疏除；第二次在花穗整形前进行，根据负载量将发育不良和过密的花穗疏除。从果实品质和产量方面综合考虑，按照梢果比1：1的原则保留花穗。对于不同长势的新梢，可按强壮梢留1～2个花穗，中庸梢留1个花穗，弱梢疏去花穗的理念进行适当调整。每亩留花穗2 000～3 000个，每亩产量宜控制在2 000千克以内。

2. 疏果

葡萄果实数量较多且密集时，要进行疏果，疏果可使果粒之间有适当的发展空间，也可使穗型更加美观。疏果一般在盛花后15～25天，坐果稳定后进行，落花后及时理顺果穗，使之自然下垂，避免与枝蔓、铁丝挤压。具体方法为：手握果穗，轻轻摇动，将果穗内未受精的小果振落，然后人工疏除果穗上的副穗和密集部分的小穗、小青果，调整果穗内的果粒数，使果粒均匀分布在果穗上。

果粒数通常根据品种和目标穗重确定。单果粒重12～18克的品种，果粒数控制在35～50粒。单果粒粒重8～12克的品种，果粒数控制在50～65粒。单果粒重8克以下的品种，果粒数宜控制在70～90粒。藤稔葡萄标准果穗果粒数为35～45粒，巨峰40～50粒，阳光玫瑰50～65粒，夏黑60～80粒。

3. 花穗整形

根据葡萄是否进行无核化处理，可分为无核化栽培和有核化栽培的花穗整形。

（1）无核化栽培花穗整形

花前3～7天为适宜整穗时期。具体方法为：去除副穗和上部较大分支花穗，保留穗尖，长度控制在4.5～6.5厘米，保留14～18个分支花穗、60～100 个花蕾。果实成熟后每穗重 500～700 克。适用品种包括夏黑、阳光玫瑰、早夏无核、巨峰、藤稔、巨玫瑰、醉金香及户太 8 号等。

（2）有核化栽培花穗整形

欧美杂交种葡萄，花前 1～2 周为适宜整穗期。具体方法为：副穗及以下 8～10 个小穗去除，保留 16～20 个小穗，长度约 6～8 厘米，果实成熟时为圆柱形，每穗重约 400～700 克。适用品种为四倍体品种，包括巨峰、户太 8 号、巨玫瑰等。

欧亚种葡萄花前先去除副穗和最上部 2～3 个较大分支花穗，始花至花后开始整穗，掐去穗尖 1.0～2.0 厘米，保留 18～20 个分支花穗，分支花穗去除过长部分，果实成熟后为自然圆锥形。适用品种包括美人指、红巴拉多及红地球等松散型果穗的欧亚种。

4. 花穗整形实例

（1）夏黑

花前 1 周开始整穗，初花期完成。具体方法为：保留葡萄花穗尖，从穗尖向上保留 5～6 厘米长度的花穗，其余全部剪除，上部花穗分支过长进行适当修剪，使花穗呈圆锥形。套袋前对于个别果粒过于紧密的果穗进行适当疏果，每穗留果 60～70 粒，待果实成熟后穗重 500～600 克。

（2）喜乐

花前 1 周开始整穗，初花期完成。具体方法为：保留葡萄花穗尖，从穗尖开始向上保留 6～7 厘米长度的花穗，其余全部剪除，上部花穗分支过长进行适当修剪，使花穗呈圆锥形。喜乐穗型紧凑，套袋前需进行适当疏果，每穗留果 70～80 粒，待果实成熟后穗重 500～600 克。

（3）玫瑰香、金手指等

中小果穗品种，剪去副穗及穗尖，仅保留花穗中段 12～15 个小枝梗，每穗留果 50～60 粒，待果实成熟后穗重 350～400 克。

（4）红地球、锦红等

大果穗品种，剪掉副穗和穗尖，掐去穗尖 1.0～2.0 厘米，留 18～20 个分支花穗，最上两层分支花穗去除过长部分，靠近穗轴的那层留 5～6 个果粒，再往下两层留 4～5 个果粒，余下的留 3 个果粒，所留花穗长度约为 8.0～10 厘米。每穗留果 60～70 粒，待果实成熟后穗重 500～750 克。

二、生长调节剂的使用

在葡萄花果管理上合理应用植物生长调节剂，可调控果实发育的各个环节，对防止落花落果、提高坐果率、诱导无核化、促进果实着色及提高果实品质均具有重要的作用。但目前在花果管理中对植物生长调节剂的研究以使用方法居多，在作用机理、生物学效应及相互之间的平衡关系等方面，还有许多问题有待进一步研究。在生产上大多数果农依据经验使用植物生长调节剂，但植物生长调节剂的使用效果常因地区、气候、品种、树体状况、生育期及使用状况等的差异而表现不一，甚至产生相反的效果，带来潜在的食品安全问题。因此，必须慎重使用。

1. 赤霉素（GA$_3$）

适宜的浓度和处理时间，可促使新梢节间和穗轴伸长、提高坐果率、增大果粒、使果实无核化，还可促进花芽分化，从而提高果实产量和品质。

（1）对生长的促进作用

在发芽期间喷 10 毫克/千克的赤霉素溶液，枝条生长和花穗伸长明显加快。因此，对一些果穗紧凑的品种，在萌芽时喷 10～20 毫克/千克的赤霉素溶液，就可达到果穗疏松、果粒增大和减轻穗部病害的目的。

（2）诱导和促进果实无核化

盛花期用 25 毫克/千克的赤霉素溶液浸蘸葡萄花穗，可不同程度地诱导产生无核果，不同品种对赤霉素溶液浓度的要求不同。对于有核葡萄如巨峰系品种，在盛花期用 25 毫克/千克的赤霉素溶液对花穗进行浸蘸处理，10～15 天以后以同样浓度的赤霉素溶液对花穗进行第二次处理，果实无核率可达到 97％，成熟期可比有核果提前 10～15 天。

（3）膨大果粒、增加穗重

盛花期后 12～15 天，或者当果粒呈黄豆粒大小时，用 25～50 毫克/千克的赤霉素溶液浸蘸果穗，可使果粒重和果穗重增加 0.5～3 倍，赤霉素和细胞分裂素混合使用效果更好。

适宜赤霉素处理的葡萄品种及方法如下。

①夏黑、喜乐

盛花期或者花穗 90％花蕾盛开时，用 25 毫克/千克的赤霉素溶液进行第一次处理，将花穗完全浸入盛有药剂的容器中 3 秒以上。第一次处理后 12～15 天，或者果粒黄豆粒大小时用 50 毫克/千克的赤霉素进行第二次处理，浸蘸果穗 3 秒以上。

②弗雷无核

植株萌芽后 30 天左右，或者花穗长度为 7～10 厘米时进行拉穗（拉长花穗），可使用 20～25 毫克/千克浓度的赤霉素溶液浸蘸花穗或微喷雾花穗。盛花期用 100 毫克/千克的赤霉素溶液浸蘸花穗可起保果的作用。

赤霉素施用时应注意：①不同的葡萄品种对赤霉素的敏感性不同，使用前要仔细核对品种的适用浓度、剂量和适宜使用的时期。②花穗开花早晚不同，应分批次进行处理。③使用赤霉素处理保果的同时会促进果粒膨大，着果过密会诱发裂果、落粒，因此，需在赤霉素处理前整穗，坐果后疏粒。

2. 氯吡脲

氯吡脲具有细胞分裂素和赤霉素的双重功能，可以促进细胞的分裂、防止落花落果和促进果粒膨大。对于有核葡萄品种，在花后 12～15 天，用 20 毫克/千克氯吡脲浸蘸果穗 5～10 秒可使果粒增大 30% 左右。对于无核葡萄品种，在盛花期用 15 毫克/千克氯吡脲浸蘸花穗 5～10 秒，花后 12～15 天，再用 10 毫克/千克氯吡脲浸蘸果穗 5～10 秒，可使单粒重增大一倍左右。

适宜氯吡脲处理的葡萄品种为藤稔，处理方法如下。

生理落果后，或者葡萄果粒黄豆大小时，用 5～10 毫克/千克的氯吡脲处理果穗第一次，浸蘸果穗或微喷雾果穗均可。如果坐果率低，果粒数量少，间隔 10 天后再用 5～10 毫克/千克的氯吡脲进行第二次处理。坐果率高的话可不进行第二次处理。

氯吡脲使用时应注意：①当日配制，当天使用，过期效果会降低。②降雨会降低使用效果，处理时务必选择晴朗、空气相对湿度小的天气。

三、果实套袋技术

果实色泽是决定果实品质的重要指标之一。对于着色葡萄品种而言，果实着色面积和着色深度是判断果实成熟度的标志，对于酿酒和加工葡萄品种而言，果实色素含量将直接影响到加工产品的色泽与质量。因此，促进果实充分着色，是提高果实质量的关键。在葡萄生产中，选择适宜的纸袋，进行果穗套袋栽培，可有效地解决这一问题。一是套袋虽然降低了果实可溶性固形物的含量，但提高了果实硬度，增强了耐贮性；二是由于果袋的保护，使果实受到病虫侵染的机会减少，果面伤口少，贮运期间不易发生病虫危害；三是带袋采收可使整个果穗形成一个整体，增强抗压力，减少挤压损失；四是套袋葡萄可以进行分期分批采收，不必担心后期病虫危害。

1. 纸袋类型

目前，葡萄果袋质量良莠不齐，伪劣仿制袋还有一定的市场。这种袋虽然价格低廉，但是质量差，生产应用后会给果农带来较大的经济损失。劣质果袋的主要表现为：原纸质量差、强度不够，经风吹、日晒、雨淋后容易破损，造成裂果、日烧及着色不均等问题；无防治入袋病虫害的作用，一旦发生病虫入袋危害，只能解袋防治；劣质涂蜡纸袋会造成袋内温度过高，灼伤幼果。因此，生产中一定要严格选择纸袋种类，采用正规厂家生产的优质纸袋，杜绝使用劣质产品。纸袋经过一年的风吹雨打，纸张强度和离水力均显著降低，再次使用极易破损，涂药袋此时已经没有任何药效，难以发挥套袋应有的效果，一般不宜再用。

葡萄果袋种类很多，主要根据原纸质地、透光光谱和透光率、涂药配方、纸袋规格等几个方面来进行区分。

（1）原纸质地

要求重量较轻，纸质经过强化，对果实增大无不良影响；透明度高，能够提高果实含糖量，促进着色和提早成熟；透气性、透湿性强，可有效防止日烧、裂果等生理性病害。

（2）透光光谱和透光率

目前关于光谱对葡萄花色苷形成的影响研究尚有不足，一般认为紫外光有利于葡萄果实的着色。据报道，用原纸色调波长 560～580 纳米、透光率 23.94％～26.43％ 的果袋套袋后，葡萄的可溶性固形物含量较高，比不套袋果高 0.97％～1.58％，说明在一定色调波长条件下，透光率过高或过低对葡萄可溶性固形物含量均有一定影响，调整果袋的透光率对提高葡萄可溶性固形物含量有一定效果。

（3）涂药配方

果袋有不涂药普通袋和涂有各种药剂的防虫、防病专用袋。普通袋可通过隔离作用减轻病虫危害，但对进入袋内的病原菌及害虫无能为力。而涂药袋可以有效地杀灭入袋害虫及病原菌。当然，即使是防病、防虫袋，在套袋前也要按防治病虫的要求，仔细地喷施农药，并且袋口一定要扎严扎紧。涂药袋在存放时，需要注意在冷凉的暗处密封保存，以防药剂失效。

（4）纸袋规格

葡萄用袋的规格要根据不同品种的穗型大小来选择，一般有 175 毫米×245 毫米、190 毫米×265 毫米和 203 毫米×290 毫米等几种类型，在袋上口一侧附有一条长约 65 毫米的细铁丝做封口用，底部两角各有一个排水孔。用塑料薄膜制成的果袋，还要有多个通气孔。日本近年生产出一种连续纸袋，比普通袋长约 10 毫米，放在专用盒内，挂在身上，可以大大提高套袋效率。

2. 合理选择纸袋

应选择强度较大、耐风吹雨淋、不易破碎的纸袋，且要具有较好的透气性和透光性，可避免袋内温、湿度过高。纸袋规格的选择，巨峰系等中穗型品种一般选用 22 厘米×33 厘米或者 25 厘米×35 厘米规格的纸袋，而红地球等大穗型品种一般选用 28 厘米×36 厘米规格的纸袋。此外，还需根据果皮颜色选择纸袋，如巨峰、红地球等红色或紫色品种一般选择白色纸袋，而阳光玫瑰、意大利等绿色或黄色品种一般选择绿色纸袋。

3. 套袋时期与方法

一般在果实坐果稳定、整穗及疏粒结束后立即开始套袋，赶在雨季来临前结束，以防止早期病虫害侵染。如果套袋过晚，果粒生长进入着色期，糖分开始积累，不仅病原菌极易侵染，而且日烧病及虫害发生的概率均会提高。另外，套袋要避开雨后的高温天气，在阴雨连绵后突然晴天，如果立即套袋，会增加日烧病的发生概率。因此，雨后要经过 2～3 天，使果实稍微适应高温环境后再套袋。

套袋前，全园喷施 2～3 遍杀菌、杀虫剂，如多菌灵、代森锰锌、甲基托布津等，重点喷施果穗，药液晾干后再开始套袋。将袋口端 6～7 厘米浸入水中，可使其湿润柔软，便于收缩袋口，提高套袋效率，并且能够将袋口扎紧扎严，防止害虫及雨水进入袋内。套袋时，先用手将纸袋撑开，使纸袋整个鼓胀，然后由下往上将整个果穗全部套入袋内，再将袋口收缩到穗柄上，用一侧的封口丝紧紧扎住。套袋过程中不能用手揉搓果穗，以防果粒受损而影响外观。

4. 摘袋时期及方法

葡萄套袋后，可以不去袋，带袋采收，也可以在采收前 10 天左右去袋，通常根据品种、果穗着色情况以及纸袋种类而定。红色葡萄品种因其着色程度随光照度的减小而显著降低，所以可在采收前 10 天左右去袋，以增加果实受光，促进果皮的着色。有研究表明，红地球葡萄在采收前 10～15 天除袋，可促进果皮着色，使其具有该品种的特有颜色和品质。此外，还要注意仔细观察果实颜色的变化，如果袋内果穗着色很好，已经接近最佳商品色调，则不必去袋，否则着色过深。巨峰等品种一般不需要去袋，也可以通过分批去袋的方式，来达到分期采收的目的。另外，如果使用的纸袋透光度较高，能够满足着色的要求，也可以不去袋。

葡萄去袋时间宜在上午 10 时以前和下午 4 时以后进行，阴天可全天进行。除袋方法为先把袋底打开，使果袋在果穗上部戴一个帽，避免将纸袋一次性摘除，以防止鸟害及日烧病的发生。

第 七 章
葡萄园土肥水管理

一、避雨限根后土壤特点

土壤肥水管理是培肥地力，保持树体健壮，取得高效、优质生产的基础。传统的葡萄园土壤管理是以全园的土壤为对象，不仅劳动强度大，而且效率低，肥料营养成分的渗漏比例大，容易引起土壤、水环境的富营养化，还会造成肥料营养的浪费。因此，土壤肥水管理逐渐向集中根系、省力轻量、减量施肥和环境友好的方向发展。

限根栽培就是利用物理或生态的方式将葡萄的根系生长范围限制在一定的范围内，通过调控根系生长所需养分和水分的供给状态来调节地上部枝叶生长、结实和果实品质形成的技术。在南方地区，地下水位高，根系分布在有积水的土壤层会吸收过多的水分，影响果实的糖积累、果汁香味物质和果皮色素的形成。同时根系分布稀疏，投放在根系范围内土壤表层的肥料有相当大的部分不能和根系接触，不能被根系及时吸收，会随灌溉水或雨水下渗流失，肥料利用率不高。利用塑料膜等材料将根系生长限制在一个狭小的范围内，根系不能伸长到根域外吸收地下水，根域土壤水分状况不受地下水位高低影响，投放到根域上层的肥料营养也可被密集的根系充分吸收，很少流失。采用这种方法可根据葡萄生长发育需求精确供给水分和营养。

二、葡萄园施肥技术

施肥的目的是为了给果树生长发育提供足够的营养。但为了获得品质优良的葡萄，要注意肥料种类和施用量，一般应提倡施用有机肥，化肥的用量要严格控制。

1. 肥料种类及作用

葡萄植株所必需的矿质营养元素主要从肥料中获得。肥料可分为有机肥料和无机肥料两大类。

有机肥料：生产上经常使用的有机肥，如圈肥、厩肥、禽粪、饼肥、人粪尿、作物的秸秆等，一般腐熟后施入土壤，多作为基肥使用。有机肥中除含有大量元素外，还含有各种微量元素，故称为完全肥料。多数有机肥要通过微生物作用，才能被葡萄根系吸收利用，因此也称为迟效性肥料。有机肥不仅能够供给葡萄植株生长发育所需的营养元素，而且还能调节土壤通透性，提高土壤保肥、保水能力，对改良土壤结构有重要作用。我国土壤的有机质含量普遍较低，要进行优质葡萄生产，提高土壤有机质含量是非常关键的。

无机肥料：也称化学肥料，可以作为有机肥的补充。无机肥所含营养元素单一，但纯度高、易溶于水，多数无机肥可直接被植物根系吸收，因此也称为速效性肥料。无机肥施用后见效快，多用作葡萄生长期追肥。

2. 施肥时期

秋施基肥：基肥通常以迟效性的有机肥料为主，可以混合一定量的化肥如过磷酸钙等，按照全年施肥量的 $60\%\sim70\%$ 施用。时间一般在葡萄采收后至土壤封冻前的秋季进行，在此期间正值葡萄根系的第二次生长高峰，吸收能力较强，伤根容易愈合，加上叶功能尚未衰退，光合能力强，有利于树体贮藏营养的积累，可以提高葡萄的抗寒能力。施用时，注意要距离根系分布层稍深、稍远些，在根域范围内诱导根系向深向广生长，扩大根系吸收范围。

追肥：追肥主要追施速效性化肥，按全年总施肥量的 $30\%\sim40\%$ 施用。在生产中要根据植株负载量及土壤状况，合理确定葡萄追肥的时期和比例。对结果多的果园，需增施氮、磷、钾、镁、铁、硼等肥料，尤其是增施氮肥和钾肥。施肥时需注意氮、硼肥放在果实生长前期施用，磷、镁肥放在果实生长中期施用，钾、铁肥放在果实糖分积累期施用。花前追肥以氮肥为主，主要目的是促进枝叶生长及花穗分化。谢花后幼果开始生长期是果树需肥较多的时期，应及时补充速效性氮肥，配合施用适量磷、钾肥，以促进新梢生长，保证幼果膨大，减少落果。催熟肥于果实开始着色时施用，此时追肥以磷、钾肥为主，主要为了促使枝条充实，促进果实成熟与着色。

根外施肥：根外施肥是将肥料直接喷到叶片或枝条上，方法简单易行，肥效快，用肥量小，并且能够避免某些元素被固定在土壤中，可及时满足果树的需要。如花期前后喷施 0.3% 的硼砂＋ 0.3% 的尿素溶液，可以有效地防止落花落果，提高坐果率。果实着色期喷施 0.3% 的磷酸二氢钾溶液＋光合微肥 500 倍液，可以促进果实着色，提高品质。根外追肥最适宜的气温为 18～25℃，湿度稍大效果较好，所以喷施时间一般在上午 10 时以前和下午 4 时以后。一般喷施前，应先进行试验，确定无肥害再喷施。

3. 施肥量

依据葡萄本身的需肥特点、土壤状况、立地条件以及肥料利用率等，来确定合理的施肥量，以便充分满足果树对各种营养元素的需要。叶片营养诊断是一种科学地确定葡萄施肥量的方法，当诊断发现某种营养成分处于亏缺状态时，就要根据亏缺程度进行补充。生产中多凭经验和试验结果确定施肥量。日本的大井上康研究认为，巨峰葡萄每生产 100 千克果实，需施纯氮 1.5 千克、纯磷 1.0 千克、纯钾 1.5 千克。

三、葡萄园灌溉技术

水分是葡萄产量和品质形成的决定因素，土壤中的水分状况往往不能与葡萄生长发育需水规律相适应。因此，要根据葡萄需水规律确定不同的灌溉方式、灌水量和灌水时期，对葡萄园进行综合水分管理，建立最优的灌溉制度。

1. 灌水时期

一般成龄葡萄园要在植株的萌芽期、花期前后、果实膨大期和采收后灌水，共灌水 5～7 次，而在花期和果实成熟期则要注意控水，以防落花落果和降低果实品质。

萌芽前，应灌一次透水，以促进萌芽及新梢生长。此时正值春旱，土壤急需补充水分。

开花前7～10天灌水，可满足新梢和花穗生长发育的需要，为开花坐果创造良好的条件。一般葡萄盛花期不宜灌水，但在干旱年份或保水力差的沙地，可小水灌溉一次。

在果粒膨大期，幼果开始膨大，新梢生长旺盛，此时必须灌水以供给充足的水分。首要目标是促进果粒膨大，土壤保持相对丰富的含水量有利于果粒膨大，也有利于保持新梢活力，但土壤过湿，又会促使新梢旺长，与果实竞争光合产物，抑制果粒膨大。

生理落果至果实着色前，此期新梢、幼果均在旺盛生长，且气温不断升高，叶片水分蒸发量大，对水分和养分最为敏感，是葡萄需水、需肥的临界期。要结合施催果肥浇水，之后再根据天气、土壤情况决定浇水多少。一般干旱少雨时，可每隔半个月浇一次，以促进果粒膨大。

果粒生长后期到成熟前，灌水可以使果粒体积增大，有利于提高产量，也有利于促进果实成熟和提高品质。但要注意土壤过湿会诱发裂果，不要灌水过量，也不要干湿变动过大。

采收后葡萄植株需水量逐渐减少，树体进入营养积累阶段，适宜的灌水有利于营养积累，也有利于翌年的生长发育。通常在采收后，结合秋季深耕或秋施基肥灌水。

越冬水，在葡萄冬剪和埋土前是全年最后一次灌水。这次灌水要求充足，而且要适当提早。如果冬灌过晚，土壤湿度过大，既不利于埋土，也会产生芽眼和枝蔓发霉或腐烂等现象。在埋土防寒区，一般在埋土前15～20天开始灌水。

2. 灌水量

灌水前要充分掌握近期的降水情况、土壤湿度，确定合适的土壤灌水量。每一次的灌水量因土壤的质地、根系分布范围的不同而不同。

春季葡萄藤蔓出土后灌水量要大而次数宜少，以免降低地温影响根系的生长。夏季要适当增加灌水次数，冬季土壤封冻前灌水量要大。成龄葡萄园灌水后土壤渗透深度应在 100 厘米左右，幼龄葡萄园以60～80 厘米为宜。前期（萌芽至果实生长期）保持田间持水量以 70％～80％为宜，后期（浆果成熟期）保持 60％～70％为宜。

3. 控水与排水

花期控水。此期从初花至末花期，约 10～15 天。花期遇雨，影响葡萄的授粉受精，易出现大小粒现象。同样，花期灌水容易引起枝叶徒长，营养消耗过多，严重时将影响花粉发芽，导致落花落蕾，进而造成减产。花期适当控水，可促进授粉受精，提高坐果率。

着色期控水。果实着色成熟时，水分过多或降雨多，会影响果实着色，降低品质，易发生炭疽病、白腐病等，有些品种还可能出现裂果。这个时期尽量控水，可提高果实含糖量，加速着色和成熟，防止裂果，提高果实品质。

在葡萄生长季节土壤水分过多，易引起枝蔓徒长，降低果实含糖量，严重时，会造成根系缺氧，抑制呼吸，甚至会造成葡萄植株死亡。因此，要注意涝雨季节及时排水。

4. 葡萄园水肥一体化技术

水肥一体化是一项公认的高效节水节肥的农业新技术。水肥一体化技术是借助低压灌溉系统，将肥料溶解在水中，在灌溉的同时进行施肥，适时、适量地满足农作物对水分和养分的需求，实现水肥同步管理和高效利用的节水农业技术。水肥一体化技术节约了劳动力成本，省时省力，提高了水肥利用率。水肥一体化技术，可以精确调控水肥供给，有效调控树体生长和果实发育，显著提高果实品质和优质果产量，提高了经济效益。根据课题组试验示范及应用情况统计，应用水肥一体化技术管理的果树每亩较常规对照增产20%以上、节水50～200米³、节肥20～60千克、省工5～20个、节本增效1 000～3 000元。课题组制定形成了山东省地方标准《葡萄园水肥一体化滴灌栽培技术规程》，并于2021年5月发布实施。本规程规定了水肥一体化葡萄生产园地选择、设备配置、技术措施、系统维护和建立技术档案等环节的技术要求，适用于各地丰产期实施水肥一体化技术的葡萄园，可使果农根据树体和果实生长发育情况，以及土壤墒情进行灌溉和配合施肥（表1）。

表1　灌溉施肥方案

生育时期	灌水阈值（千帕）	每次灌溉施肥量（千克/亩）			
		N	P_2O_5	K_2O	CaO
萌芽前	−30.0～−5.0				
萌芽期	−10.0～−5.0	2.1～3.5	1.2～2.0	2.25～4.5	1.5～3
花前期	−10.0～−5.0	2.1～3.5	1.2～2.0	1.65～3.3	2.4～4.2
果实膨大期	−15.0～−5.0	5.7～9.5	3.0～5.0	7.5～15.0	6.9～13.7
转色期	−20.0～−10.0	—	—	1.35～2.7	1.2～2.4
采收后	−10.0～−5.0	5.1～8.5	2.1～3.5	2.25～4.5	3.3～6.6
封冻前	−30.0～−5.0				
合计	—	15～22	7.5～12.5	15～30	15～30

四、土壤管理

常规栽培葡萄园的土壤管理主要有深翻改土、深耕、中耕除草、合理间作、果园覆盖、土壤改良等。

1. 深翻改土

深翻使土壤的透气性增强，土壤中空气和水分状况得以改善，还可以促进好气性微生物的活动，加速有机质的腐烂和分解，提高土壤肥力。同时深翻可以使根系在根域范围内分布层加深，分布范围扩大，扩大葡萄根系的吸收范围。深翻一般在秋季果实采收后至落叶期进行，可以与秋施基肥相结合。行距较小的果园，可将距植株 50 厘米以外的土壤全部深翻。行距较大时，可结合施基肥逐年向外深翻40～50 厘米，直至行间全部挖通为止。深翻的深度应比葡萄主要根系分布层稍深，一般成龄园为 40～50 厘米，幼龄园 30～40 厘米。实践证明，深耕施肥后的植株，在 2～3 年内能使果穗增重，提早成熟，产量有明显增加。

2. 深耕

果园除了多年进行一次深翻以外，一般每年还要进行深耕。果园深耕多在果实采收后（9—10 月）抓紧进行。这时，根系生长处于高峰，断根容易愈合，又可促使新梢及早停长、成熟，有利于养分积累和越冬。秋季深耕后利用冬季土壤的冻融交替，可以破坏土壤板块结构，使土壤变得更为疏松。同时还可铲除多年生宿根性杂草根蘖，消灭地下越冬害虫。秋季深耕一般要求耕深 20 厘米以上，一般结合果园秋施基肥同时进行。有灌水条件的果园，春天萌芽前也可进行深耕。

3. 中耕除草

早春中耕可以疏松表土，提高地温。生长季节对园土进行多次中耕，可以切断土壤毛细管，减少土壤水分蒸发，防止土壤下层盐分上升，还可以改善土壤通气性，促进土壤微生物的活动，有利于不溶性养分的矿化释放。同时中耕能铲除杂草，减少其对土壤养分和水分的消耗，杂草腐烂后还可增加土壤中的有机质，暴雨或灌水后的中耕还可防止土壤板结，增强土壤蓄水保肥能力。

中耕深度一般为 5～10 厘米，中耕次数依田间杂草多少和气候而定，杂草多，应多中耕，杂草少时可以减少中耕次数，一般 4～8 次即可。关键的几个时期是春天杂草萌芽时、麦收前、杂草旺长时和秋季杂草结籽前。山坡地大雨后也应尽可能中耕一次，以减少土壤水分蒸发。中耕可用人工锄草，也可以用圆盘耙旋耕，有条件的应尽可能用圆盘耙旋耕，这样既可提高中耕效率，又可细碎土壤，改良土壤质地。

4. 合理间作

在幼龄或行距较大的葡萄园进行合理间作，不仅可以充分利用土地，增加经济收入，而且间作物能覆盖土壤，防止土壤被雨水冲刷，减少杂草危害，并能增加土壤腐殖质的含量和提高土壤肥力。

间作物须具备的条件是生长期较短、植株较矮小、避开葡萄需水需肥时期、在肥水和光照方面与葡萄的竞争较小、病虫害少、能提高土壤肥力或者本身经济价值较高。一般瘠薄果园可以选择花生、地瓜等作为间作物，土壤肥沃、有浇水条件的果园可以选择经济价值较高的西瓜、豆类等，也可以间作绿肥作物，增加土壤有机质含量。

5. 果园覆盖

在土壤深耕时，结合覆盖有良好的效果，既可抑制杂草生长，又可以免去中耕的麻烦，免去人畜踩踏，可以保持良好的土壤理化性状。覆盖物有秸秆、塑料编织物或地膜等。以限根栽培方式栽培葡萄时，土壤覆盖是项必需的措施。

果园覆草一般在 5 月中旬至 6 月中旬进行，其优点是可以减少地表水分蒸发，增加土壤有机质和养分含量，调节地温，抑制杂草生长，不用耕锄也能保持土壤疏松、通气性良好。覆草后，应及时补充速效性氮肥。

早春果园覆盖地膜，可以提高地温，保持土壤湿度，促进根系活动和增强吸收能力，从而有利于葡萄植株的生长。另外，选用除草膜覆盖还可以有效地防除杂草。

6. 土壤改良

为了改善土壤的理化性状，提高肥力，需有计划地进行土壤的培肥改良。尤其对盐碱滩涂、混有砾石的瘠薄土壤及黏重、通气透水性差的土壤，必需进行改良，才能实现果实的优质高产。土壤改良要依照局部根域管理的理念，不必大面积改良。土壤改良必需结合有机肥的施用，否则难有良好效果，有机肥的投入量要足够，改良土壤的有机肥必需是优质的，有机质含量要高，最好是腐熟的羊粪等，避免使用河泥等劣质肥料。

（1）常用的土壤改良的方法

①环状改土法

由定植点开始逐年向外扩挖 40 厘米深的沟，沟的宽度视树冠投影面积而定，改良范围锁定在定植点 30 厘米以外、面积为树冠投影面积的 25％左右，一次改良培肥面积控制在要改良范围的 1/3 以内，即分 3 年改良完成。

②段带状改土法

适合于垄（高畦）式栽培方式的改土，由定植时培肥的土壤范围开始，向行的两侧逐年逐段改良土壤。改土的范围视有机肥的多少而定。

③穴式改土法

在树的四周挖一些圆形的穴，用表层土壤和有机肥混合后再回填入穴。

④放射状改土法

在树的四周呈放射状挖一些改土坑，用培肥土壤回填，翌年在放射沟的中间再挖新的改土穴坑，逐年交替进行，不断向外扩展。

⑤条沟改土法

在植株的行间沿行向开挖改土沟，沟的深度为30～40厘米，长度与行的长度相同，宽度则视有机肥的施用量而定，有机肥施用量大则需加大宽度。

（2）土壤改良的有机肥施用量及施用深度和范围

土壤改良的效果好坏，完全取决于有机肥的投入数量和质量。原则上是每改良1米^{3}的土壤需优质腐熟有机肥100～150千克，外加过磷酸钙1～2千克，使用秸秆腐熟物等粗质有机肥时，需加适量的速效氮肥补充营养。土壤改良的深度是40厘米左右。每次土壤改良的范围要控制在树冠投影面积的20%～25%，以免伤根太多，影响树体生长。

限根栽培的土壤改良相对比较简单。每年给根域上表面加盖一层5厘米左右厚的腐熟有机肥或秸秆腐熟物，或每年挖开根域范围的1/8～1/6，将其中的土壤换成新鲜营养土，换土时可以切除总根量1/4的根系，对翌年树体生长影响不大。挖出根域原有土壤后，应先回填2/3左右的新土，夯实后再将根系放在上部，然后再覆土，并通过抖动根系，使根的四周都充满新鲜营养土。随着新根的发生，新土中会形成许多新的根系，达到更新根系的目的。

第 八 章

葡萄避雨栽培的主要病虫害及防控技术

一、葡萄主要真菌性病害

1. 葡萄霜霉病

葡萄霜霉病是一种世界性的葡萄病害，1834 年于美国首先发现此病害，随后传到欧洲，1885 年法国米勒特氏用波尔多液防治该病害。霜霉病主要侵染葡萄叶片，也危害花穗、花蕾、果实、新梢等。

（1）症状

霜霉病最容易识别的特征是在叶片背面、果实病斑、花穗或果梗上产生的白色霜状霉层。

叶片：病部油渍状，角形，淡黄色至红褐色。发病 4～5 天，病斑部位反面形成密集白色霜状物。侵染严重时可造成叶片脱落。

花梗、果梗、新梢：最初为浅黄色或黄色水渍状斑点，严重时为黄褐色或褐色。天气潮湿时，会在病斑上出现白色霜状霉层，空气干燥时，病部凹陷、干缩，直至扭曲或枯死。开花前后侵染花穗、果梗或穗轴。

果实：幼嫩的果实高度感病，感病后果实变成灰色，表面布满霜状霉层。果实成熟时较少感病，但感病的果梗可以传给果实，染病果实变褐色，但不形成孢子。染病果实易脱落，留下干的梗疤。部分穗轴或整个果穗也会脱落。

（2）病原菌

葡萄霜霉病是由葡萄生单轴霉（*Plasmopara viticola*）寄生引起的，病原菌属鞭毛菌亚门，是专性寄生菌。孢子囊形成温度为 9～36.8℃，适宜温度为18～22℃。黑暗环境有利于孢子囊的形成。孢子囊是起传染作用的重要组织。游动孢子在 12～23℃的温度条件下经 24 小时萌发。卵孢子萌发适温为16～24℃。

（3）发病规律

病菌主要以卵孢子在病残组织内越冬，其中以病叶海绵组织中形成的卵孢子数量最多。卵孢子的抗逆性很强，病残组织腐烂后落入土壤中的卵孢子能存活两年，春天，当降雨量达 10 毫米以上，土温 15℃左右时卵孢子即开始萌发，通过气流或雨滴溅散传播至叶片上。在有水滴的情况下，孢子囊萌发产生游动孢子，游动孢子休止后再萌发长出芽管，从寄主的气孔或皮孔侵入，造成发病。孢子囊靠风、露水或雨水传播，在整个生长季侵染潜育期感病品种只需 7～12 天，而侵染抗病品种则需 20 天。秋季冷凉、潮湿、降雨多、雾重、露大、风少的地区，有利于霜霉病的发生和流行。地势低洼、土质黏重、雨后不易排水的果园，霜霉病发生较重。种植密度过大、棚架过低以及不重视夏季修剪和管理粗放的果园，发病均较重。欧美杂种抗性较强，欧亚种抗性较差，欧亚种东方品种群对霜霉病最敏感。

（4）防治方法

①农业防治

病残体中越冬的卵孢子是主要的初侵染源，因此，秋末和冬季，结合冬前修剪需彻底进行清园，剪除病、弱枝梢，清扫枯枝落叶，集中烧毁，减少翌年的初侵染源。同时要及时绑蔓，修剪过旺枝梢，清除病残叶，清除行间杂草以及雨季加强排水等。

②化学防治

a. 保护性杀菌剂。50％甲氧基丙烯酸酯类高效杀菌剂3 000～4 000倍液、50％福美双可湿性粉剂1 500～2 000倍液、1∶0.7∶200配比的波尔多液、80％代森锰锌可湿性粉剂600～800倍液、25％吡唑醚菌酯乳油2 000倍液、30％氧氯化铜800～1 000倍液、0.3％苦参碱乳油一般用600倍液。b. 内吸性杀菌剂。72.2％霜霉威水剂600倍液、50％烯酰吗啉水分散粒剂2 000～3 000倍液、90％疫霜灵粉剂（乙磷铝）600倍液。

2. 葡萄白粉病

（1）症状

白粉病可危害叶片、枝梢及果实等部位，以幼嫩的组织最易感病。

叶片：受害叶在正面产生形状不规则、大小不等的褪绿色或黄色病斑，正反面均可见覆有一层白色粉状物，严重时白色粉状物布满全叶，叶面不平，逐渐卷缩枯萎脱落。

新梢、果梗及穗轴：受害时，出现不规则的褐色或黑褐色斑，羽纹状向外延伸，表面覆盖白色粉状物，穗轴、果梗变脆，枝梢生长受阻。

幼果：果实发病时，表面产生灰白色粉状霉层。小幼果受害，果实生长受阻，果粒小，易枯萎脱落。大幼果受害，变硬、畸形，易纵向开裂。转色期的果粒受害，糖分积累困难，味酸，容易开裂。果实对白粉病敏感，果实含糖量低于 8％时易感白粉病，果实含糖量超过 8％后对白粉病产生抗性，果实含糖量为 8％～15％时，被感染的果实能产生分生孢子。果实的含糖量超过 15％时，果实不会被侵染，已经被侵染的果实也不会再产生分生孢子。

（2）病原菌

葡萄白粉病是由葡萄钩丝壳菌 ［*Uncinula necater*（Schw.）Bur.］寄生引起的，病原菌属子囊菌亚门，是一种专性寄生菌，在不形成有性世代的地区，病菌只能以菌丝体的形式在受侵染的枝蔓等组织或芽鳞内越冬，分生孢子的寿命短，不能越冬。越冬后的菌丝，当翌年春天温度回升后，在一定的湿度条件下，产生新的分生孢子，通过气流的传播与寄主表皮接触。分生孢子萌发后，芽管直接穿透表皮侵入，在表皮下形成吸器。白粉病病原菌初侵染发病后可形成大量分生孢子，生长季可进行多次的再侵染，潜育期一般为 14～15 天。

（3）发病规律

白粉病病原菌的生长和发育需要较高的温度，菌丝和分生孢子生长的适宜温度为 25～30℃。白粉病病原菌较耐旱，在 8％的空气相对湿度条件下，其分生孢子仍可萌发。多雨对白粉病病原菌不利，分生孢子在水中会因为膨压过高而破裂。因此，干旱的夏季和潮湿闷热的天气有利于诱发白粉病的发生。

白粉病病原菌为表皮直接侵入的表面寄生菌，寄主表皮组织的机械强度与其抗性有密切关系。凡栽培过密，施氮量过多，修剪、摘副梢不及时，枝梢徒长，通风透光不良状况下的果园，植株表皮脆弱，易受白粉病病原菌侵染，发病较重。欧美杂种抗性较强，欧亚种较敏感，欧亚种东方品种群最为敏感。

（4）防治方法

①农业防治

要注意及时摘心绑蔓，剪副梢，使蔓均匀分布于架面上，保持通风透光良好。冬季剪除病梢，清扫病叶、病果，集中烧毁。

②化学防治

a. 硫制剂对葡萄白粉病有优异的治疗效果。一般在葡萄发芽前喷一次3～5波美度石硫合剂，芽开始膨大到展叶前喷2～3波美度石硫合剂＋0.2％五氯酚钠溶液。但硫制剂防治葡萄白粉病受温度限制，低于18℃时无效，高于30℃时易产生药害；干燥条件下药效好，湿润条件下药效差。b. 保护性杀菌剂。花期前后和关键时期可喷施50％福美双可湿性粉剂1 500倍液。c. 内吸性杀菌剂。开花前或幼果期可喷施20％苯醚甲环唑水分散粒剂1 500倍液、80％戊唑醇可湿性粉剂6 000～8 000倍液、40％氟硅唑乳油6 000～8 000倍液、25％丙环唑乳油2 000～3 000倍液。

3. 葡萄白腐病

（1）症状

白腐病主要危害果穗，也危害新梢、叶片等部位。

果穗：一般先发生在接近地面的果穗尖端，果梗和穗轴被侵染后出现浅褐色、边缘不规则、水渍状病斑，然后向上下蔓延。果粒从果梗基部发病，全粒变为淡淡的蓝色，并软腐，而后出现褐色小脓包状突起，在表皮下形成小粒点，但不突破表皮。成熟的分生孢子器为灰白色的小粒点，使果粒发白。

新梢：一般危害未木质化的枝蔓，枝蔓的节间、剪口、伤口、接近地面的部分是受害点。枝蔓受害形成溃疡型病斑，开始病斑为长形、凹陷、褐色坏死斑，之后病斑干枯、撕裂，枝蔓皮层与木质部分离，纵裂成麻丝状。

叶片：多从叶尖、叶缘开始，初呈水渍状褐色近圆形或不规则斑点，逐渐扩大成具有环纹的大斑，上面也着生灰白色小粒点。

（2）病原菌

葡萄白腐病是由白腐盾壳霉菌［*Comiothyrium diplodiella*（Speg.）Sacc.］寄生引起的，病原菌属半知菌亚门。

（3）发病规律

病原菌分生孢子的萌发需要高温高湿，以温度 26～30℃、空气相对湿度 95％时萌发率最高，病害的潜育期仅 3～4 天。在我国北部葡萄主产区，7—8 月高温多雨且空气相对湿度较大，特别是遇暴风雨或冰雹天气，常引起白腐病的大流行。白腐病病原菌是一种主要通过伤口侵染的兼性寄生菌。肥水供应不足、管理粗放、病虫及机械损伤较多的果园，白腐病发生较重；地势低洼、土质黏重、排水不良、土壤瘠薄、杂草丛生，或修剪不适、枝叶过于郁闭的果园，白腐病的发生较重。结果部位的高低与发病也有密切关系，结果部位低，靠近地面的果穗总是最先发病，且发生较严重。果实的成熟度与发病亦有一定关系，一般幼果较抗病，果实着色后愈接近成熟越易感病。欧美杂种抗性较强，欧亚种较敏感。

（4）防治方法

①农业防治

在秋冬季结合休眠期修剪，彻底清除病果穗、病枝蔓，刮除可能带病菌的老树皮；彻底清除果园中的枯枝蔓、落叶、病果穗等，然后将清扫的病残体集中焚毁。生长季，及时剪除早期发现的病果穗、病枝蔓，收拾干净落地的病果粒，带出园外集中深埋。

增施有机肥，增强植株长势，可提高抗病力；结果部位尽可能提高到距地面 40 厘米以上，结合绑蔓和疏花疏果，减少枝蔓和果粒与病原菌接触的机会；合理调节植株的果实负载量，避免削弱树势；加强肥水、摘心、绑蔓、摘副梢、中耕除草、雨季排水及其他病虫的防治等经常性的田间管理工作。

②化学防治

a. 保护性杀菌剂。50％福美双可湿性粉剂1 500倍液、42％代森锰锌悬浮剂600～800倍液，安全性极好，花前、花后、幼果期均可使用；78％代森锰锌可湿性粉剂＋水胆矾石膏600～800倍液、80％代森锰锌可湿性粉剂800倍液、80％福美双可湿性粉剂1 000倍液。b. 其他有效药剂。80％福美锌可湿性粉剂800倍液、80％代森锌可湿性粉剂600～800倍液、70％丙森锌可湿性粉剂600倍液等，要注意幼果安全和果面污染问题。c. 内吸性杀菌剂。20％苯醚甲环唑水分散粒剂3 000～5 000倍液，花后、幼果期使用，后期用于对白腐病进行补救。40％氟硅唑乳油，葡萄封穗前与保护性杀菌剂如福美双、42％代森锰锌等混合使用，均匀喷药。白腐病发生后，剪除染病的果梗、果粒，使用氟硅唑乳油8 000倍液＋20％苯醚甲环唑水分散粒剂3 000倍液喷果穗。22.2％抑霉唑乳油1 200～1 500倍液或97％抑霉唑4 000倍液，套袋前处理果穗。80％戊唑醇6 000～10 000倍液，对葡萄生长有轻微的抑制作用，早期只能用高倍数（低浓度），用于白腐病救灾时，可以使用3 000倍液。30％苯醚甲环唑·丙环唑乳油2 000～3 000倍液，有轻微的抑制生长作用，小幼果期最好不用，套袋前使用浓度不能低于3 000倍液，后期使用对果粉有不利影响，酿酒葡萄后期使用没有影响。12.5％烯唑醇悬浮剂3 000～4 000倍液（不能低于3 000倍液，个别品种3 500倍液以上，不同品种间有差异）。50％多菌灵可湿性粉剂600倍液、70％甲基硫菌灵可湿性粉剂800～1 000倍液，花期前后使用1～2次，可以与福美双可湿性粉剂或42％代森锰锌可湿性粉剂等混合使用。

4. 葡萄黑痘病

葡萄黑痘病又名疮痂病，俗称鸟眼病，我国各葡萄产区均有分布。

（1）症状

黑痘病主要危害葡萄果实、新梢和叶片等。

叶片：初期在叶片上呈红褐色至黑褐色斑点，而后病斑扩大成圆形或不规则斑点，周围有黄色晕圈。干燥时病斑自中央破裂穿孔，但病斑边缘仍保持紫褐色的晕圈。

果实：发病时，初现圆形深褐色小斑点，后扩大，直径可达 2～5 毫米，中央凹陷，呈灰白色，外部仍为深褐色，而边缘为紫褐色，整个病斑似鸟眼状。空气潮湿时，病斑上出现乳白色的黏稠状物质，此为病原菌的分生孢子团。

枝条：发病时，初现圆形或不规则褐色小斑点，后呈灰黑色，边缘深褐色或紫色，中部凹陷开裂。新梢未木质化以前最易感染，发病严重时，病梢生长停滞、萎缩，甚至枯死。

（2）病原菌

葡萄黑痘病病原菌为葡萄痂囊腔菌〔*Elsinoe ampelina*（de Bary.）Shear.〕，属子囊菌亚门，无性阶段为葡萄痂圆孢菌〔*Sphaceloma ampelium*（de Bary.）〕，属半知菌亚门。病原菌的无性阶段致病，有性阶段病原菌很少见。

（3）发病规律

病原菌主要以菌丝体潜伏于病蔓、病梢等组织中越冬，也能在病果、病叶等部位越冬。翌年 4—5 月产生新的分生孢子，借风雨传播。孢子发芽后，芽管直接侵入幼叶或嫩梢，引起初次侵染。温度湿度适合时，6～8 天便发病产生新的分生孢子，对葡萄进行重复侵染。分生孢子的形成要求 25℃ 左右的温度和比较高的空气相对湿度。菌丝生长适宜温度范围为 10~40℃，最适温度为 30℃。病原菌潜育期一般为 6~12 天，在 24~30℃温度下，潜育期最短，超过 30℃，发病受抑制。新梢和幼叶最易感染。多雨高湿条件下有利于分生孢子的形成、传播和侵入，干旱或少雨地区，发病显著减轻。地势低洼、排水不良的果园往往发病较重。栽培管理不善、树势衰弱或肥料不足等，都会导致病害发生。欧美杂种抗性较强，欧亚种较敏感，欧亚种东方品种群最敏感。

（4）防治方法

①农业防治

冬季进行修剪时，剪除病枝梢及残存的病果，刮除病、老树皮，彻底清除果园内的枯枝、落叶、烂果等，然后集中烧毁，再用铲除剂喷布树体及树干四周的土面。

秋季施用优质有机肥料，保持果树强壮的树势，追肥选用含氮、磷、钾及微量元素的全肥，避免单独、过量施用氮肥，要做好雨后排水工作，防止果园积水。行间除草，摘梢绑蔓，保持园内有良好的通风透光条件。

②化学防治

春季是防治黑痘病的关键时期，在开花前后各喷 1 次 80％水胆矾石膏（波尔多液）可湿性粉剂 400~800 倍液或福美双可湿性粉剂 800 倍液、80％代森锰锌可湿性粉剂 800 倍液、30％氧氯化铜 600~800 倍液。特别注意，铜制剂是控制黑痘病的最基础和最关键的药剂。

5. 葡萄炭疽病

葡萄炭疽病又称晚腐病，在我国各葡萄产区发生较为普遍。

（1）症状

花穗：葡萄在花穗期很易感染炭疽病。受炭疽病病原菌侵染的花穗自花顶端小花开始，顺着花穗轴、小花、小花梗初变为淡褐色湿润状，后逐渐变为黑褐色腐烂，有的是整穗腐烂。空气潮湿时，病花穗上常长出白色菌丝和粉红色黏稠状物，此为病原菌的分生孢子团。

果实：果实受侵染，一般转色成熟期才陆续表现症状。病斑多见于果实的中下部，初为圆形或不规则形，水渍状，淡褐或紫色小斑点，后病斑逐渐扩大，并转变为黑褐色或黑色。果皮腐烂并明显凹陷，边缘皱缩呈轮纹状。空气潮湿时，病斑上可见到橙红色黏稠状小点，此为病菌的分生孢子团。发病严重时，病斑可扩展至半个甚至整个果面，或数个病斑相连引起果实腐烂。

枝蔓、叶柄、卷须：当年得病，一般不表现症状，翌年有雨水时产生分生孢子盘，并释放分生孢子成为最主要的侵染源。

（2）病原菌

葡萄炭疽病病原菌有性世代为围小丛壳菌［ *Glomerella cingulata* (Stonem.) Spauld. et Schrenk］，属子囊菌亚门核菌纲的一种真菌。果实的病斑上产生的灰青色小粒点是病原菌的子囊壳，它埋生于病组织内，数个聚生在一起，梨形或近球形，深褐色，顶部稍凸出于果皮表面，有短喙，边缘有褐色菌丝状物及胶黏物质。

（3）发病规律

葡萄炭疽病病原菌主要以菌丝体的形式在一年生枝蔓表层及病果上越冬，或在叶痕、穗梗及节部等处越冬，翌春环境条件适宜时，产生大量的分生孢子，通过风雨、昆虫传到果穗上，引起初次侵染。分生孢子的产生需要一定的温度和雨量，分生孢子产生的适宜温度为28～30℃。当雨量能够沾湿病组织时，即可产生分生孢子。分生孢子外围有一层水溶性胶质，这层水溶性胶质只有遇水消散后分生孢子才能传播出去，葡萄成熟期高温多雨常导致病害的流行。一般年份，病害从6月中下旬开始发生，之后逐渐增多，7—8月果实成熟时，病害进入盛发期。欧美杂种抗性较强，欧亚种较敏感，欧亚种东方品种群最敏感。此外，果园排水不良、架式过低、蔓叶过密、通风透光不良等环境条件，都有利于发病。

（4）防治方法

①农业防治

结合修剪清除留在植株上的副梢、穗梗、僵果、卷须等，并把落于地面的果穗、残蔓、枯叶等彻底清除，集中烧毁，以减少果园内病原菌来源。

及时摘心、绑蔓、摘除副梢，保持果园通风透光良好。雨后要搞好果园的排水工作，防止湿度过大。

②化学防治

a.保护性杀菌剂。50%甲氧基丙烯酸酯类高效杀菌剂3 000～4 000倍液，花期前后使用，连续使用2～3次。50%福美双可湿性粉剂1 500倍液，花期前后和关键时期使用。80%波尔多液可湿性粉剂，一般用600～800倍液。42%代森锰锌可湿性粉剂600～800倍液，花期前后、小幼果期都可以使用，在后期使用有明显优势。25%吡唑醚菌酯，对炭疽病有较好的预防作用，一般使用2 000～4 000倍液。30%氧氯化铜800～1 000倍液，发芽前使用，对耐药品种，发芽后到花穗分离前可以使用，套袋葡萄于套袋后、采收后使用，不套袋的耐药葡萄大幼果期以后使用。b.内吸性杀菌剂。20%苯醚甲环唑水分散粒剂3 000～5 000倍液，谢花后、幼果期使用，对幼果安全，不会抑制葡萄生长，不会影响果粉。80%戊唑醇悬浮剂6 000～10 000倍液，有轻微抑制葡萄生长的作用。

6. 葡萄穗轴褐枯病

（1）症状

葡萄穗轴褐枯病主要危害葡萄幼嫩的花穗轴或花穗梗，也危害幼小果实。花穗轴或花穗梗发病初期，先在花穗的分枝穗轴上产生褐色水渍状斑点，后渐渐变为深褐色、稍凹陷的病斑，湿度大时病斑上可见褐色霉层，扩展后可致花穗轴变褐坏死，其上面的花蕾或花也萎缩、干枯、脱落。发生严重时，花蕾或花几乎全部落光。谢花后的小幼果受害，形成黑褐色、圆形斑点，直径 0.2 毫米左右，仅危害果皮，随果实增大，病斑结痂脱落，对生长影响不大。幼果稍大（黄豆大小）时，病害就不能侵染了。葡萄穗轴褐枯病危害葡萄一般减产 10%～30%，严重时可减产 40% 以上，还会造成穗型不整、果皮粗糙、没有果粉、易裂果等问题。

（2）病原菌

葡萄生链格孢菌（*Alternaria viticda burn*），属半知菌亚门真菌。

（3）发病规律

病菌以分生孢子的形式在枝蔓表皮或幼芽鳞片内越冬，翌春幼芽萌动至开花期分生孢子侵入，形成病斑后，病部又产生分生孢子，借风雨传播，进行再侵染。发病与开花前后雨水多少有关，雨水多发病重，雨水少发病轻。老树一般较幼树易发病，肥料不足或氮肥过量有利于发病，地势低洼、通风透光差、环境过于郁闭有利于发病。品种间抗性存在差异，巨峰和巨峰系品种抗性较差。

（4）防治方法

主要采用化学方法防治。

①保护性杀菌剂。80% 代森锰锌可湿性粉剂 800 倍液。②内吸性杀菌剂。70% 甲基硫菌灵可湿性粉剂 800 倍液、50% 多菌灵可湿性粉剂

500～600倍液、10％多抗霉素可湿性粉剂600倍液、3％多抗霉素可湿性粉剂200倍液、80％戊唑醇可湿性粉剂6 000倍液、20％苯醚甲环唑水分散粒剂3 000倍液等。

花穗分离至开花前是最重要的药剂防治时间。对于花期前后雨水多的地区和年份，结合谢花后其他病害的防治，选择的药剂要能够兼治穗轴褐枯病。

7. 葡萄灰霉病

葡萄灰霉病能够引起花穗及果实腐烂，流行时感病品种花穗被害率达70％以上。

（1）症状

灰霉病主要危害花穗、幼小果实和已成熟的果实，有时亦危害新梢、叶片和果梗。

花穗及果穗：花穗和刚落花后的小果穗易受侵染，发病初期被害部位呈淡褐色水渍状，很快变暗褐色，整个果穗软腐。潮湿时病穗上长出一层鼠灰色的霉层，细看时还可见到极微细的水珠，此为病原菌分生孢子梗和分生孢子。晴天时腐烂的病穗逐渐失水萎缩、干枯脱落。

新梢及叶片：产生淡褐色、不规则形的病斑。病斑上有时出现不太明显的轮纹，亦长出鼠灰色霉层。

果实：成熟果实及果梗被害，表面出现褐色凹陷病斑，很快整个果实软腐，长出鼠灰色霉层，果梗变黑色。

（2）病原菌

葡萄灰霉病病原菌为灰葡萄孢霉（*Botrytis cinerea* Pers.），属半知菌亚门丝孢纲的一种真菌。病部鼠灰色霉层即其分生孢子梗和分生孢子。

（3）发病规律

灰霉病病原菌菌核和分生孢子的抗逆性都很强，尤其是菌核，可在葡萄染病的花穗、果实、叶片等残体上越冬。菌核越冬后，翌年春季温度回升，遇降雨或空气相对湿度大时即可萌动产生新的分生孢子，新、老分生孢子通过气流传播到花穗上，分生孢子在清水中不易萌发，花穗上有外渗的营养物质，分生孢子便很容易萌发开始当年的侵染。多雨潮湿和较凉的天气条件适宜灰霉病的发生。菌丝的发育以 20～24℃为宜，因此，春季葡萄花期，不太高的气温又遇上连阴雨天，空气潮湿，最容易诱发灰霉病的流行，常造成大量花穗腐烂脱落。另一个易发病的阶段是果实成熟期，如天气潮湿也容易造成烂果，这与果实糖分、水分增高，抗性降低有关。此外，地势低洼、枝梢徒长郁闭、杂草丛生、通风透光不良的果园，发病也较重。

（4）防治方法

①农业防治

及时摘心、去副梢，防止果园郁闭。减少液态肥料喷淋对防治灰霉病效果显著。

②化学防治

a. 保护性杀菌剂。50％福美双可湿性粉剂1 500倍液、50％腐霉利可湿性粉剂 600 倍液、50％异菌脲可湿性粉剂 500～600 倍液。b. 内吸性杀菌剂。97％抑霉唑可湿性粉剂4 000倍液、40％嘧霉胺可湿性粉剂 800～1 000倍液、50％啶酰菌胺水分散粒剂1 500倍液。

8. 葡萄褐斑病

葡萄褐斑病在多雨年份和管理粗放的果园，特别是葡萄采收后忽视防治的果园易大面积发生，造成病叶早落，树势衰弱，影响产量。

（1）症状

主要表现在叶片，病斑呈不规则状或角状斑点，初期暗褐色，后期赤褐色。病害主要集中在中下部叶片，特别是处于内膛的叶片。巨峰系品种发病较重。

（2）病原菌

葡萄褐斑病病原菌是葡萄假尾孢菌 ［*Pseudocercospora vitis* (Lev.) Speg.］，属半知菌亚门。

（3）发病规律

分生孢子在枝蔓表面越冬，生长季节借风雨传播。高湿环境下孢子萌发，从叶背面气孔侵入，潜育期约 20 天。北方地区 5—6 月初发病，7—9 月为发病盛期。喷药部位重点在基部叶片背面。

（4）防治方法

①农业防治

秋施基肥，合理修剪。

②化学防治

喷施 1∶0.7∶200 的波尔多液、80％代森锰锌可湿性粉剂 600～800 倍液、10％苯醚甲环唑水分散粒剂 1 500～2 000 倍、16％氟硅唑水剂 2 000～3 000 倍液。

9. 葡萄根癌病

（1）症状

葡萄根癌病是系统侵染，不但在靠近土壤的根部、靠近地面的枝蔓出现症状，还能在枝蔓和主根的任何位置发生病状，但主要在主蔓上呈现瘤状病状。

（2）病原菌

葡萄根癌病病原菌是一种细菌，即癌肿野杆菌 （*Agrobacterium*

tumelariens）。

（3）发病规律

土壤带菌是葡萄根癌病的主要来源，病原菌随植株病残体在土壤中越冬，条件适宜时，通过剪口、机械伤口、虫伤、雹伤以及冻伤等各种伤口侵入植株，雨水和灌溉水是该病的主要传播媒介。苗木带菌是该病远距离传播的主要途径。此外，地下害虫也可以传播病原菌。当肿瘤组织腐烂破裂时，病原菌混土中，土壤中的病原菌亦能存活1年以上。

（4）防治方法

根据根癌病的侵染特点和致病机制，当发现根癌病症状时，使用杀菌剂杀灭病原菌已无法抑制植物细胞增生，也无法使肿瘤症状消失，因此根癌病必须以预防为主。具体防治方法如下：

①农业防治

根癌病以伤口作为唯一的侵染途径，因此减少伤口和保护伤口是最好的防治方法。a. 尽量减少伤口。对于葡萄来讲，减少冻害是最主要的措施。防止早期落叶（后期病害的防治）、保障枝条充分成熟和营养充分贮藏是减少冻害的基础，做好冬季防寒措施是减少冻害的辅助条件。此外，栽培时要尽量减少伤口。b. 保护伤口。为伤口提供化学保护，可以使用化学制剂也可以使用生物制剂。

②化学防治

土壤消毒是非常有效的方法，但成本比较高。可采取溴甲烷熏蒸等措施进行土壤消毒。

对于没有根癌病的地区和田块，苗木引进时要经过严格的检验检疫，不要从有根癌病的地区和苗圃引进苗木，并且在种植前进行消毒。消毒的方法为：硫酸铜100倍液加热到52～54℃，浸泡苗木5分钟，或用52～54℃的清水浸泡苗木5分钟，然后用80%波尔多液200倍液刷苗木，使苗木的根、枝蔓均匀着药。

二、葡萄主要虫害

1. 绿盲蝽

绿盲蝽又名花叶虫，属半翅目盲蝽科。

（1）分布与危害

绿盲蝽以成虫、若虫刺吸危害葡萄的幼芽、嫩叶、花蕾和幼果，刺的过程分泌有毒物质，吸的过程吸食植物汁液，造成被害部位细胞坏死或畸形生长。葡萄嫩叶被害后，先出现枯死小点，随叶芽伸展，小点变成不规则的多角形孔洞，俗称"破叶疯"；花蕾受害后即停止发育，枯萎脱落；幼果受害后初期表面呈现不明显的黄褐色小斑点，随果实生长，小斑点逐渐扩大，呈黑色，受害的皮下组织发育受阻，严重影响葡萄的产量和品质。

绿盲蝽的发生与气候条件密切相关。绿盲蝽喜温暖、潮湿的环境，高湿条件下若虫活跃，生长发育快，雨多的年份发生较重。气温20～30℃、相对空气湿度80%～90%时绿盲蝽最易发生。

（2）防治方法

①农业防治

葡萄越冬前清除枝蔓上的老皮，及时清除葡萄园周围的老叶，清除树下及田埂、沟边、路旁的杂草，刮除果树上的老翘皮，剪除枯枝集中烧毁，减少、切断绿盲蝽越冬虫源和早春寄主上的虫源。葡萄生长期间及时清除果园内外的杂草，及时进行夏剪和摘心，消灭其中潜伏的虫和卵。

②化学防治

绿盲蝽具有昼伏夜出的习性，成虫白天多潜伏于树下、沟旁杂草内，多在夜晚和清晨危害。所以，喷药防治要在傍晚或清晨进行，以达到较好的防治效果。

早春葡萄发芽前全树喷施一遍 3 波美度的石硫合剂，消灭越冬卵及初孵若虫。越冬卵孵化后，抓住越冬代低龄若虫期，适时进行药剂防治。常用药剂有吡虫啉、啶虫脒、马拉硫磷、溴氰菊酯等，连喷 2～3 次，间隔 7～10 天，喷药一定要细致，对树干、地上杂草及行间作物要全面喷药，做到树上树下喷严、喷全，以达到较好的防治效果。

2. 斑衣蜡蝉

斑衣蜡蝉属同翅目蜡蝉科。

（1）分布与危害

主要分布在我国陕西、河南、河北、山东、山西、江苏、北京等地区。寄主植物有 10 余种。在果树中以葡萄受害较重，还危害梨、杏、桃等。在树木中最喜食臭椿、苦楝。成虫、若虫刺吸嫩叶、枝干汁液，引起煤污病发生，影响光合作用，降低果品质量。嫩叶受害常造成穿孔，受害严重的叶片常破裂。

（2）防治方法

①农业防治

结合冬季修剪和果园管理，将卵块压碎，彻底消灭卵块，效果较好。在葡萄建园时，应尽量远离臭椿、苦楝等杂木林。

②药剂防治

在若虫或成虫期可喷施 50％敌敌畏乳剂 1 000 倍液。

3. 葡萄瘿螨

葡萄瘿螨属蜱螨目瘿螨科，又名葡萄潜叶壁虱、葡萄锈壁虱。

（1）分布与危害

主要分布在辽宁、河北、河南、山东、山西、陕西等地区。被害植株叶片萎缩，发生严重时也能危害嫩梢、嫩果、卷须、花梗等，使枝蔓生长衰弱，果实产量降低。被害叶片最初于叶的背面发生苍白色病斑，以后表面逐渐隆起，叶背发生茸毛，茸毛为灰白色，逐渐变为茶褐色，最后呈黑褐色。受害严重时，病叶皱缩、变硬，表面凹凸不平。

（2）防治方法

苗木、插条能传染瘿螨，因此，疫区插条、苗木等向外地调运时，应注意检查，防止把瘿螨传到新区去。无瘿螨地区从外地，特别是从有瘿螨地区引入苗木时，在定植前，最好用温汤消毒。具体方法是：把播条或苗木先放入 30～40℃热水中浸 5～7 分钟，然后移入 50℃热水中再浸 5～7 分钟，可杀死潜伏的瘿螨。

①农业防治

秋后彻底清扫果园，收集被害叶烧毁或深埋。在葡萄生长初期，发现有被害叶时，也应立即摘掉烧毁，以免继续蔓延。

②化学防治

早春葡萄芽膨大吐绒时，喷 3～5 波美度石硫合剂，以杀死潜伏在芽内的瘿螨，此时期是防治的关键时期。若发生严重，发芽后可再喷 0.3～0.5 波美度石硫合剂。

4. 康氏粉蚧

康氏粉蚧又名梨粉蚧、桑粉蚧，属同翅目粉蚧科。

（1）分布与危害

康氏粉蚧在我国主要分布于吉林、辽宁、河北、北京、河南、山东、山西、四川等地，以雌成虫和若虫刺吸嫩芽、嫩叶、果实、枝干的汁液。嫩枝受害后，被害处肿胀，严重时造成树皮纵裂而枯死；果实被害后，组织坏死，出现大小不等的褪色斑点、黑点或黑斑。康氏粉蚧会排泄蜜露到果实、叶片、枝条上，造成污染，湿度大时蜜露上产生杂菌污染，形成煤污病，有煤污病的果实将彻底失去食用和利用价值。康氏粉蚧对葡萄造成的直接伤害不是特别严重，但会间接带来巨大的损失。

（2）防治方法

①农业防治

果实采收后及时清理果园，将虫果、旧纸袋、落叶等集中烧毁或深埋。葡萄埋土防寒前（或出土上架时）清除枝蔓上的老粗皮，减少越冬虫口基数。

②化学防治

春季发芽前喷3～5波美度石硫合剂，消灭越冬卵和若虫。生长季应抓住各代若虫孵化盛期防治，花穗分离到开花前是防治第一代康氏粉蚧的关键时期，这是最重要的一次防治，因此要根据虫口密度适时用药1～2次。套袋前的防治非常重要，套袋后康氏粉蚧有向袋内转移危害的特点，所以套袋后3～5天是防治该虫的重要时期。化学防治采用的主要药剂有毒死蜱、吡虫啉、啶虫脒、阿维菌素等。

在虫卵孵化期于果树根际用药，包括颗粒剂、片剂或药液泼浇等。一般使用内吸性药剂，如吡虫啉等。

5. 葡萄粉蚧

葡萄粉蚧又名海粉蚧，属同翅目粉蚧科，主要危害葡萄，还可危害枣树、槐树、桑树等。

（1）分布与危害

该虫主要在我国新疆地区发生，以若虫和雌虫隐藏在老蔓的翘皮下，枝蔓的裂缝、伤口和近地面的根等部位集中刺吸汁液危害，使被害处形成大小不等的丘状突起。随着葡萄新梢的生长，逐渐向新梢转移，集中在新梢基部刺吸汁液进行危害。受害严重的新梢失水枯死，受害偏轻的新梢不能成熟和越冬。该虫危害叶腋和叶梗，受害的叶片失绿发黄，干枯。该虫危害葡萄果实、穗轴、果蒂等部位，受害后的果实畸形，果蒂膨大粗糙。该虫刺吸危害的同时还分泌黏液，易招致霉菌寄生，污染果穗，影响果实品质。

（2）防治方法

①农业防治

加强葡萄园的管理，增施有机肥，增强葡萄树势，提高抗虫能力。冬季清园，结合修剪剪去虫枝，将葡萄园的杂草、枯枝、落叶、果袋清除干净，集中烧毁，以减少越冬虫源。5月中旬、7月中旬及9月中旬各代成虫产卵盛期人工刮去老皮，可消灭老皮下的卵。

②化学防治

越冬若虫开始活动危害期及各代若虫孵化盛期及时用药控制，其中刮去老皮（11月）施药和越冬若虫活动期（4月中旬）施药效果最好。葡萄粉蚧发生较轻的果园防治2次，可较好地控制其危害，主要药剂有敌敌畏、毒死蜱、吡虫啉、啶虫脒、阿维菌素等。葡萄粉蚧自然天敌较多，如跳小蜂、黑寄生蜂等，用药应注意避免伤及天敌。

6. 葡萄透翅蛾

葡萄透翅蛾属鳞翅目透翅蛾科。

（1）分布与危害

葡萄透翅蛾主要分布在山东、河南、河北、陕西、内蒙古、吉林、四川、贵州、江苏、浙江等地。幼虫蛀食葡萄枝蔓，蛀食后，被害部肿大，致使叶片发黄，果实脱落，被蛀食的茎蔓容易折断枯死。蛀口外常有呈条状的黏性虫粪。

（2）防治方法

①农业防治

修剪时认真剪除虫枝，并烧毁。春季萌芽期再细心检查，凡枝蔓不萌芽或萌芽后萎缩的，应及时剪除，以消灭越冬幼虫，减少虫源。幼虫孵化蛀入期间，节间呈紫红色、先端嫩梢枯死、叶片凋萎，先端叶边缘干枯的枝蔓均为被害枝蔓，要及时剪除。7月以后，若发现有虫粪的较大蛀孔，可用铁丝从蛀孔刺死或钩杀幼虫。

②化学防治

用注射针筒向幼虫排粪孔内注入80％敌敌畏乳油100倍液或2.5％溴氰菊酯乳油200倍液，然后用湿泥封口。卵孵化高峰期喷施化学药剂，种类有三唑磷、辛硫磷、三氟氯氰菊酯、高效氯氰菊酯等，一年只需施药一次就能消除葡萄透翅蛾的危害。

7. 葡萄根瘤蚜

葡萄根瘤蚜属同翅目根瘤蚜科。

（1）分布与危害

葡萄根瘤蚜原产于北美东部，1892年由法国首先传入我国山东省烟台市。葡萄根瘤蚜危害美洲系葡萄品种时，既能危害叶部又能危害根部。叶部受害后，在葡萄叶背形成许多粒状虫瘿，称为"叶瘿型"。根部受害，以新生须根为主，近地表的主根也可受害。受害症状为在须根端部膨大成比小米粒稍大的瘤状结，在主根上则形成较大的瘤状凸起，称"根瘤型"。根部受害后，根部水分和养分的吸收、输送受到影响，同时受害部位还容易感染其他病害，造成根部腐烂。一般受害树的树势显著衰弱，提前黄叶、落叶，产量大幅度降低，严重时整株枯死。

（2）防治方法

①农业防治

葡萄根瘤蚜在山地黏土、壤土或含有大块石砾的黄黏土中发生多，危害重，而沙土地则发生少或根本不发生。葡萄品种间抗蚜性差异非常显著，如美洲产沙地葡萄及岸边葡萄具有很强的抗蚜性，但品质稍差，可以用作砧木。选择当地优良品种作为接穗，杂交培育，以选育出适合于当地的抗蚜、优质、高产新品种。

②化学防治

从疫区或可疑地区调运葡萄苗木、插条、砧木时，必须进行药剂消毒或熏蒸。药剂处理苗木时，用50%辛硫磷1 500倍液，每10～20枝苗木或插条捆成一捆，去掉苗木上的土，在药液中浸蘸1分钟，每1 000株苗木或插条需药液10～12千克，浸蘸过的苗木、插条放在阴处架上，堆高30～70厘米，晾干后用草袋包装，处理后对发芽、成活无影响。对包装苗木用的草袋也须作同样处理。在美国加利福尼亚州，葡萄砧木用溴甲烷密闭熏蒸，在26.7℃时，用药量为每立方米305.2克；在15.6～21.1℃时，用药量为每立方米204克，密闭3小时可完全杀死各种虫态。

三、葡萄生理性病害

1. 葡萄缺镁症

（1）症状

从植株基部的老叶开始发生，最初老叶脉间褪绿，继而叶脉间出现带状黄化斑点，多从叶片的中央向叶缘发展，逐渐黄化，最后叶肉组织黄褐坏死，仅剩下叶脉仍保持绿色。缺镁对果实大小和产量的影响不明显，但果实着色差，成熟期推迟，含糖量低，果实品质明显降低。

（2）发病条件

土壤中有机质含量低，酸性土壤中镁元素较易流失。钾肥施用过多，或大量施用硝酸钠及石灰的果园，也会影响镁的吸收，常发生缺镁症。

（3）防治方法

葡萄定植时要施足优质的有机肥料，缺镁严重的葡萄园应适量减少钾肥的施用量。轻度缺镁时叶面喷施硫酸镁，缺镁严重时根施碳酸镁或硫酸镁。

2. 葡萄缺钾症

（1）症状

在生长季节初期缺钾，叶色浅，尚幼嫩叶肉的边缘出现坏死斑点，严重时变成紫褐色或暗褐色，先从叶脉间开始，逐渐覆盖全叶的正面。特别是果穗过多的植株和靠近果穗的叶片，变褐现象尤为明显。严重缺钾的植株，果穗少而小，穗粒紧，色泽不均匀，果粒小。

（2）发病条件

在细沙土、酸性土以及有机质少的土壤上，易表现缺钾症。

（3）防治方法

葡萄园缺钾时，于6—7月可追施草木灰、氯化钾或硫酸钾等化肥。叶面喷施磷酸二氢钾、草木灰或硫酸钾，10天喷施一次，连喷2～3次。

3. 葡萄缺硼症

（1）症状

硼不能从植株的老叶移动到幼叶，因此，症状最早出现在幼嫩组织上。首先新梢顶端的幼叶出现淡黄色小斑点，随后连成一片，使叶脉间的组织变黄色，最后变褐色枯死。缺硼严重时，嫩枝及新梢从顶端向下枯死，并发出许多小的副梢。植株缺硼时，坐果差，果穗稀疏。

（2）发病条件

一般土壤 pH 7.5～8.5 或易干燥的沙性土上的果树容易发生缺硼症。此外，根系分布浅或受线虫侵染根系弱的果树，也容易出现缺硼症。

（3）防治方法

改良土壤，深耕土壤，增施优质有机肥，增加土壤肥力。结合开沟施基肥，每亩施 1.5～2 千克硼酸或硼砂。

4. 葡萄缺铁症

（1）症状

首先表现在新梢的幼嫩部分，幼叶叶脉间黄化，叶呈青黄色。缺铁严重时，更多的叶面变黄色，甚至白色。叶片褪绿常变褐色和坏死。严重受影响的新梢，生长衰弱，花穗和穗轴变浅黄色，坐果不良。

（2）发病条件

土壤盐碱化，导致土壤中铁离子沉淀固定，不能被根系吸收。黏土、排水不良的土壤、冷凉的土壤均影响根系对铁元素的吸收。树体老化、结果量过大也容易导致缺铁。此外，晚春新梢快速生长也可诱发缺铁症。

（3）防治方法

增施有机肥，降低土壤 pH。土施硫酸亚铁，每株或穴施 50～100 克。叶面喷布 0.2％硫酸亚铁溶液，每 10～15 天 1 次，连续喷施 2～3 次。

5. 葡萄缺锌症

（1）症状

叶片和果实生长停止或萎缩，新梢顶部叶片狭小、稍皱缩，枝条下部叶片常有斑纹或黄化。枝条纤细、节间短、失绿。种子粒数减少，大小粒现象严重。

（2）发病条件

有机质含量低的地块、沙土地、碱性土地易缺锌。栽培品种中的欧亚种葡萄，尤其是一些大粒型品种和无核品种，如红地球、森田尼无核等对锌的缺乏比较敏感。

（3）防治方法

增施有机肥。花前 2～3 周叶面喷 0.1％～0.3％硫酸锌，喷雾要湿润整个果穗和叶背面，此法亦可促进坐果。

6. 葡萄缺锰症

（1）症状

新梢基部叶片失绿，接着叶脉间出现细小黄色斑点。第一道叶脉和第二道叶脉两旁叶肉仍保留绿色，暴露在阳光下的叶片较荫蔽处叶片症状明显。缺锰较严重时，会影响新梢、叶片、果实的生长，果穗成熟晚，红色葡萄中夹生绿色果粒。

（2）发病条件

碱性土或土质黏重、通气不良、地下水位高的土壤容易缺锰。

（3）防治方法

预防为主，增施优质有机肥有预防缺锰的作用。花前喷施 0.3％～0.5％的硫酸锰溶液，喷 2 次，间隔 7 天。

附　　录

夏黑葡萄避雨栽培技术规程

1　范围

本标准规定了夏黑葡萄避雨栽培技术规程的术语和定义、产地环境、避雨棚搭建、苗木定植、架式类型及构建、整形修剪、花果管理、肥水管理、病虫害防治。

本标准适用于山东地区夏黑葡萄的生产管理。

2　规范性引用文件

下列文件对于本文件的应用是必不可少的。凡是注日期的引用文件，仅所注日期的版本适用于本文件。凡是不注日期的引用文件，其最新版本（包括所有的修改单）适用于本文件。

GB/T 8321（所有部分）　农药合理使用准则

GB/T 16862　鲜食葡萄冷藏技术

NY 469　葡萄苗木

NY/T 496　肥料合理使用准则　通则

3　术语和定义

下列术语和定义适用于本文件。

3.1 避雨栽培

将薄膜覆盖在支撑设施、树冠顶部上的一种避雨栽培方法。

4 产地环境

葡萄园选址应符合 NY/T 857 要求。

5 避雨棚搭建及架式选择

5.1 简易连栋避雨棚

5.1.1 避雨棚搭建

5.1.1.1 采用规格 DN50 热镀锌（结构用不锈钢无缝）钢管为立柱，跨度为 6m，间距 4m，地上高 1.8m。立柱上部顺行向用 DN32 热镀锌钢管作为纵向拉杆连接固定，垂直行向用 DN25 热镀锌无缝钢管作为横向拉杆连接（横梁）（图1）。

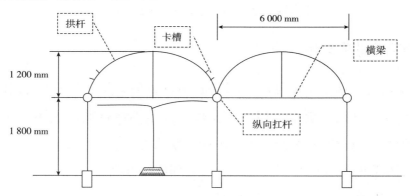

图 1　简易连栋避雨棚

5.1.1.2 棚顶高 3m，用 DN20 薄壁热镀锌钢管作为拱杆，跨度同葡萄行距，拱杆间距 1m，每根横向拉杆中间加装一根 1.2m 长的 DN20 钢管作为立柱，支撑拱杆。

5.1.2 棚膜选择

薄膜选用聚乙烯膜（PE）或乙烯-醋酸乙烯膜（EVA），无滴类型，厚度在 80μm 及以上。在拱杆两边使用卡槽将薄膜固定在横杆上，卡槽距离纵向拉杆 50cm，便于通风和排水。

5.1.3　配套架式

T 形棚架。

5.2　半拱式简易避雨棚

5.2.1　避雨棚搭建

5.2.1.1　采用 DN32 热镀锌结构用不锈钢无缝钢管为立柱或者 120mm×120mm 的方形水泥柱为立柱，立柱行距 2.5m～3m，间距 4m～6m，南北两端的立柱地上部分高 1.8m，地下部分深 0.6m。中间水泥柱地上部分高 2.4m，地下部分深约 0.6m，四周水泥柱每根用 3m 长水泥柱做斜撑，用直径 6.66mm 以上钢绞线围绕连接呈矩形框，作为避雨棚四边，在中间水泥柱距地面 1.8m 处，用直径 2mm 以上的钢丝纵横串联，编织成网状（图 2）。

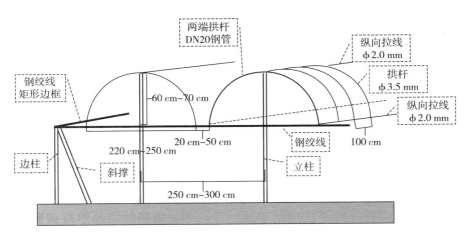

图 2　半拱式简易避雨棚

5.2.1.2　在距地面 1.8m 处的棚面上搭建小拱棚，棚高 0.6m～0.7m、棚宽 2.2m，棚的两端采用 DN20 钢管折弯做拱杆，在拱杆的最上端和两端，顺行向拉 3 根直径 2mm 以上的钢丝。中间用钢丝做拱杆，钢丝直径 3.5mm～5mm，长 2.7m，将拱杆的两端和中间用绑丝固定在与行向平行的这 3 根钢丝上。

5.2.2 棚膜选择

薄膜选用聚乙烯膜（PE）或乙烯-醋酸乙烯膜（EVA），无滴类型，厚度在 $60\mu m$～$80\mu m$，两边用固膜塑料卡及压膜线固定薄膜。

5.2.3 配套架式

V 形架或者顺行棚架。

6 苗木定植

6.1 定植时间

葡萄落叶后至封冻前或翌年萌芽前定植。

6.2 苗木选择

符合 NY 469 的要求。

6.3 定植位置及密度

6.3.1 定植位置选择避雨棚中间位置。

6.3.2 T 形架株行距 2m×（5～8）m 或者单干单臂棚架株行距1m×（5～8）m，V 形架株行距 1m×（2.5～3)m。

6.4 定植沟

机械开沟，挖深 0.8m、宽 1m 定植沟改土定植。

6.5 定植方法

挖 20cm 见方的小土坑，根系摆布均匀，填埋 50％穴土时轻压提苗。回填完后灌水浇透，沉实土壤，及时加盖地膜。

7 架式类型及构建

7.1 T形架

干高 1.7m～1.8m，双臂垂直于行向呈 T 形绑扎，新梢顺行向垂直于双臂绑扎。

7.2　V形架

干高0.8m～1m，单臂或双臂顺行向"一"字形绑扎，新梢呈V形均匀绑扎。第一道铁丝离地0.8m～1m，在离第一道铁丝上方的0.4m和0.8m处分别扎0.60m与1m～1.2m长的横梁，每道横梁两头拉2根铁丝。

7.3　顺行棚架

干高1.7m～1.8m，单臂或双臂顺行向"一"字形绑扎，新梢垂直于单臂或双臂绑扎。

8　整形修剪

8.1　夏季修剪

8.1.1　抹芽

在葡萄萌芽后10d～15d分次进行抹芽。选留位置好的健壮芽，抹去无用芽、过密芽、弱芽和位置不当的芽。

8.1.2　定枝

定枝在新梢花穗出现并能分辨花穗大小时进行。定枝后新梢间距15mm～20mm，每667m^2留新梢量1 500条～2 000条。

8.1.3　新梢引绑

新梢长度超过25cm后，分批绑扎，使新梢在架面上均匀分布，注意控制绑缚位松紧度。

8.1.4　主梢摘心

开花前一周，花穗以上留5片～6片叶摘心。

8.1.5　副梢处理

主梢摘心后，只留顶端一个副梢，其余副梢留基部1片叶后去除，待顶端副梢长至5片～6片叶时摘心，留3片叶反复摘心。至每条枝蔓有 15 片～17 片叶时，剪除此后所有新发副梢。

8.1.6 摘除卷须和基叶

去除所有卷须，果实转色期摘除基部 2 片～3 片老叶。

8.2 冬季修剪

8.2.1 修剪时间

埋土防寒区秋季落叶后至埋土前先行初剪，翌年出土后再行复剪。不埋土地区从落叶后到翌年伤流期前一个月进行修剪。

8.2.2 修剪方法

8.2.2.1 按主干和臂蔓 V 形和 T 形树形进行修剪。

8.2.2.2 结果母枝采用短梢或超短梢修剪，选择芽眼饱满、木质化程度高、径粗 0.8cm～1cm 的充实枝条，留 1 个～2 个饱满芽修剪，剪除不到 0.8cm 的梢、未成熟梢、病虫梢。

9 花果管理

9.1 疏花

疏除多余、过小和发育不良的花穗。根据枝条健壮程度，可按照一个枝留 1 个花穗、强壮枝留 2 个花穗、弱枝不留花穗的原则进行操作。

9.2 花穗整形

9.2.1 圆锥形整形

花前一周整穗，去除副穗和上部大穗留穗尖，长度为 5.5cm～6cm，对于所留小穗进行修剪使果穗呈圆锥形。

9.2.2 柱状整形

花前一周整穗，去副穗并剪穗尖（穗尖剪除 1cm 左右）留中间，中间部分花穗长度为 5.5cm～6cm，对于所留小穗进行修剪使果穗基本呈柱状。

9.3　定穗

坐果后（花后18天左右）定穗，剪除开花晚、穗型不好、果粒呈淡黄色的果穗，每667m²定穗不超过2 000穗。

9.4　疏果

疏果一般在花后20d生理落果后进行1次～2次。疏掉果穗中的畸形果、小果、病虫果以及比较密挤的果粒。

9.5　植物生长调节剂处理

9.5.1　满花后12h（花穗末端花开满为满花标志），使用25mg/L赤霉素均匀浸蘸或喷施果穗一次，使用时尽量避开阴雨或潮湿天气。

9.5.2　12d～15d后，待果实长到黄豆粒大小时，使用50mg/L赤霉素＋5mg/L氯吡脲再处理第二次。

9.6　果实套袋

套袋前1d～2d应全株喷一次广谱性杀菌剂，待药液完全干透后进行套袋，果袋选用白色的木浆纸袋。

10　肥水管理

10.1　土壤施肥

肥料应符合NY/T 496的规定要求。

10.1.1　建园施足有机肥，可选用充分腐熟的牛、羊粪。定植后当年生长期前以速效氮肥为主，以促进树体快速成型。

10.1.2　第二年开始全年施肥4次。第一次在植株萌芽前，每667m²施入10kg～15kg氮肥；第二次在5月始花期前后，追施磷肥和钾肥，每667m²葡萄追肥量约为15kg；第三次在果实膨大期，以追施钾肥为主，可选择硫酸钾，每667m²施入30kg。第四次是施基肥，一般选用有机肥和绿肥，采果后至10月中旬施入。

10.2 叶面追肥

在开花前结合防病喷药进行叶面施肥，叶面喷施 0.2％～0.3％硼砂溶液＋0.3％磷酸二氢钾。在果实膨大和着色期间，喷药时可加0.3％磷酸二氢钾或微量元素肥料喷施，另外掺加微肥和多元复合肥喷施。

10.3 水分管理

萌芽时结合施肥灌水 1 次，以促使萌芽整齐；开花前浇 1 次水，促进授粉受精；果实膨大期结合施肥灌足水 1 次；11 月葡萄下架埋土前灌越冬水 1 次，以利抗寒越冬；浆果着色至成熟期控制灌水，保持适当干旱；其他时间应根据墒情适时灌水。

11 病虫害防治

葡萄的病虫害防治贯彻"预防为主，综合防治"的植保方针。以种条消毒和种植无病毒苗木为起点，以植物检疫、农药防治为基础，结合物理防治和生物防治，科学使用化学药剂。严格控制农药用量和安全间隔期，主要病虫害防治的选用药符合 GB/T 8321（所有部分）的要求。

12 采收、包装及贮运

夏黑葡萄达到品种固有风味时即可采收，即果皮颜色为紫红色，可溶性固形物含量 18％以上。葡萄预冷、分级、装袋保鲜技术等按照 GB/T 16862 执行。

葡萄避雨栽培病虫害防治日历

日期	物候期	防治对象	农业措施
11月—翌年3月	休眠期	清除越冬菌源和虫源	结合冬剪,剪除各种病虫枝、干枯果穗等;清扫枯枝落叶,铲除园内杂草,刮除老树皮,集中烧毁或深埋,对树体喷3波美度~5波美度石硫合剂
4月上中旬	萌芽期	白粉病,瘿螨	芽开始膨大到展叶前及时喷2波美度~3波美度石硫合剂+0.2%五氯酚钠
4月下旬至5月上旬	展叶及新梢生长期	黑痘病,白粉病,绿盲蝽,斑衣蜡蝉	及时摘心、抹梢和定梢、疏花穗,清除杂草或覆盖地膜等
5月中下旬	开花期	黑痘病,穗轴褐枯病,灰霉病,霜霉病,金龟子,十星叶甲	
5月底至6月	幼果膨大期	黑痘病,霜霉病,叶斑病,金龟子,螨类,十星叶甲	疏果、套袋、环剥控制新梢旺长;及时清理副梢叶片防局部郁闭
7月上中旬	果实硬核至着色初期	白腐病,炭疽病,霜霉病,金龟子,天蛾	及时处理副梢,防局部郁闭
7月下旬至8月	浆果着色至完熟期	炭疽病,白腐病,房枯病,胡蜂	诱杀果蝇,增强果穗周围通透性,及时疏剪坏病果
9月至10月	新梢成熟至落叶期	霜霉病,锈病,叶斑病	果实及时采收、深翻土壤、及时施肥补充土壤地力等